# Zeitmanagement

## Das Wichtigste ist einfach!

Gerald Pilz

W0072737

# So nutzen Sie dieses Buch

Die folgenden Elemente erleichtern Ihnen die Orientierung im Buch:

### Übungen und Beispiele

*In diesem Buch finden Sie zahlreiche Übungen und Beispiele, die Ihnen bei der Umsetzung helfen und die geschilderten Sachverhalte veranschaulichen.*

### Definitionen und Lösungen

*Hier werden Begriffe kurz und prägnant erläutert und Lösungen vorgestellt.*

> Die Merkkästen enthalten Empfehlungen und hilfreiche Tipps.

---

**Auf den Punkt gebracht**

Am Ende der Kapitel finden Sie eine kurze Zusammenfassung des behandelten Themas.

# Inhalt

# Vorwort

*Für ein Schiff ohne Hafen*
*ist kein Wind der richtige. (Seneca)*

Gehören Sie zu den Menschen, die der Ansicht sind, der Tag müsse eigentlich mehr als 24 Stunden haben? Tagaus, tagein versuchen Sie, in der vorgegebenen Zeit Ihre Aufgaben zu erfüllen, aber dennoch haben Sie das Gefühl, nicht alles erledigen zu können? Stress und Hektik sind bei vielen verbreitet, und nicht wenige haben den Eindruck, dass das Arbeitstempo immer mehr zunimmt. Frustration, Stresssymptome verschiedenster Art und im schlimmsten Fall ein Burn-out-Syndrom sind die Folge.

Für all diese Probleme gibt es sinnvolle Lösungen: Zeitmanagement soll Ihnen helfen, die zu erledigenden Aufgaben nach ihrer Priorität zu sortieren und ein System zu finden, mit dessen Hilfe Sie effizienter und effektiver arbeiten. Durch eine geschickte Zeitplanung und moderne Methoden wird es Ihnen leichtfallen, Ihr Pensum zu bewältigen und wichtige von dringenden Aufgaben zu unterscheiden.

Doch bei den meisten Problemen, die im Zusammenhang mit Zeitmanagement auftreten, genügt es nicht, die Aufgaben optimal zu lösen, eine geschickte Zeitplanung einzusetzen und die Aufgabenliste abzuarbeiten. Viele Menschen haben trotz perfekter Zeitplanung den Eindruck, dass die Aufgaben nicht weniger werden und dass ihr Zeitmanagement trotz bester Methoden nicht richtig funktioniert.

In der Praxis wird das Zeitmanagementsystem oft schon nach wenigen Tagen vernachlässigt. Der Grund dafür ist oft, dass Menschen sich damit schwertun, konkrete Ziele zu finden. Viele wissen nicht, welche Ziele für sie bedeutsam sind. Die Folge davon ist, dass sie nicht wissen, was sie wirklich wollen. Sie erledigen viele Aufgaben, können aber die wichtigen nicht von den unwichtigen unterscheiden, da sie sich ihrer großen Ziele nicht bewusst sind. Alle Ziele, die ein Mensch verfolgt, sind jedoch in einen größeren Rahmen – im Idealfall in ein Lebenskonzept – eingebettet. Ziele, die eher zufällig ausgewählt werden, haben keine motivierende Wirkung.

Die Folge davon ist, dass Ziele nur halbherzig verfolgt werden – und das vermindert die Erfolgschancen erheblich. Aus diesem Grund lässt sich Zeitmanagement nie von Selbstmanagement trennen. Wer kein umfassendes Lebenskonzept hat und seine Lebensplanung vernachlässigt, wird kurz- und mittelfristige Ziele nicht in ein Gesamtsystem einordnen können.

Ein solcher Mensch ist wie ein Segelboot ohne Steuerung, das von den Wellen hin- und hergeworfen wird und irgendwo oder nirgends ankommt. Wer sich keine Gedanken darüber macht, wohin er will, über den bestimmen andere. Deshalb ist es wichtig, Zeitmanagement und Selbstmanagement miteinander zu verknüpfen.

In diesem Sinne wünsche Ihnen, dass Sie jeden Tag Ihres Lebens freudig genießen, alle Ziele erreichen, die Sie sich gesetzt haben, und ein Leben voller Erfolg und Erfüllung führen.

Kornwestheim, im Juni 2008                    Dr. Dr. Gerald Pilz

# Wie Sie Ihre Ziele finden

*Nur wer sein Ziel kennt,*
*findet seinen Weg. (Laotse)*

Ziele sind wichtig, denn ohne Ziele haben Sie keine Möglichkeit, Ihrem Leben eine Richtung zu geben. Ziele sind wie ein Kompass, der Sie lenkt. Allerdings finden viele Menschen es schwer, sich für ein konkretes Ziel zu entscheiden.

Fragen Sie sich doch einmal: Haben Sie einen Lebensplan? Wissen Sie, was Sie in 5, 10 oder 20 Jahren machen wollen? Die meisten Menschen scheuen vor diesen Fragen zurück, denn sie sind etwas unbequem. Viele antworten, dass sie Ziele haben, aber sie wissen noch nicht genau, was sie in zehn Jahren machen wollen.

Wenn Sie sich klare und konkrete Ziele stecken und diese konsequent Schritt für Schritt in die Wirklichkeit umsetzen, können Sie erfolgreich sein. Sich Ziele zu setzen und diese zu verfolgen, nennt man „Selbstmanagement". Ohne ein systematisches und zielstrebiges Selbstmanagement werden Sie immer wieder vorzeitig aufgeben und Ihre Ziele und Pläne auf unbestimmte Zeit verschieben.

## Definieren Sie Ihren Lebensplan

Als Erstes sollten Sie den großen Rahmen definieren – nämlich Ihren Lebensplan. Hier legen Sie Ihre langfristigen Ziele fest. Ihr Lebensplan ist auch die Grundlage für alle kurzfristigen Ziele, denn sie sind alle von ihm abgeleitet.

Die meisten Menschen haben jedoch keinen ausgearbeiteten Lebensplan. Einen Lebensplan zu erstellen, empfinden
viele als schwierig und problematisch. Doch das muss nicht
sein – stellen Sie sich einfach vor: Ihr Lebensplan ist gleichsam das Drehbuch für Ihre Zukunft.

Ihr Lebensplan ist außerdem Ausgangspunkt und Basis für
jedes effiziente Zeitmanagement – er hilft Ihnen, zu erkennen, welche Aktivitäten zielführend sind und was Sie Ihren
Zielen nicht näher bringt.

Im Folgenden machen wir einige Übungen, um Ihren Lebensplan so konkret und anschaulich zu fassen wie möglich. Es ist wichtig, dass Sie Ihre Wünsche und Träume in
Ihren Lebensplan einbringen. Ihr Glück, Ihr Erfolg und Ihr
Wohlergehen hängen davon ab, dass Sie das Leben führen,
das Sie sich wünschen.

## Schritt für Schritt zu Ihrem Lebensplan

*Der Langsamste, der sein Ziel nicht aus den Augen verliert,*
*geht noch immer geschwinder, als jener,*
*der ohne Ziel umherirrt. (Gotthold Ephraim Lessing)*

### Ihr Lebenstraum

Um die Übungen durchzuführen, sollten Sie sich Papier, ein
Heft oder einen Kollegblock besorgen und Ihre Ideen und
Wünsche schriftlich festhalten. Ihre Unterlagen dienen Ihnen als Lebensplaner. Diese Notizen sind nur für Sie persönlich bestimmt und für keinen anderen gedacht. Dadurch dass Sie Träume, Ziele und Wünsche schriftlich fixie-

ren, denken Sie intensiver und genauer über Ihre Ziele nach und können so viel besser und geschickter planen.

## Übung: Der ideale Tag

*Stellen Sie sich vor, Sie hätten alle Möglichkeiten, um Ihre Träume zu verwirklichen. Was würden Sie dann tun? Wie würde Ihr idealer Tag aussehen? Schreiben Sie spontan auf, was Ihnen einfällt, und lassen Sie Ihrer Fantasie freien Lauf. Schildern Sie Ihren idealen Tag und beschreiben Sie alle Einzelheiten; Ihre Ideen und Wünsche müssen nicht realistisch sein; es kommt mehr darauf an, dass Sie sich an Ihrem idealen Tag rundum wohlfühlen.*

▸ *Was machen Sie nach dem Aufstehen?*

▸ *Welchen Beruf oder welche Tätigkeit üben Sie aus?*

▸ *Haben Sie Hobbys oder machen Sie Sport?*

▸ *An welchem Ort leben Sie? Ist es ein kleines verträumtes Dorf oder eine pulsierende Weltmetropole?*

▸ *Haben Sie ein geräumiges Haus oder ein Apartment in einem Künstlerviertel?*

▸ *Mit wem leben Sie zusammen? Haben Sie eine große, lebendige Familie oder führen Sie ein abwechslungsreiches Singledasein?*

▸ *Beschreiben Sie auch den gesamten Tagesablauf. Was machen Sie mittags, abends und nachts?*

*Achten Sie bei der Beschreibung Ihres idealen Tages darauf, dass Sie mit jedem einzelnen Punkt zufrieden sind. Wenn Sie den Eindruck haben, dass ein Detail Ihnen Unbehagen bereitet, dann fragen Sie sich weshalb. Liegt es daran, dass Sie ein Zugeständnis gemacht haben, das Ihnen nicht gefällt? Wenn dies der Fall ist, sollten Sie dieses Detail ändern. Wenn Sie beispielsweise gerne Weltmeister im Kanufahren werden möchten, dann stehen Sie zu Ihren Träumen. Es ist Ihr Wunsch, und er darf auch an Ihrem idealen Tag vorkommen. Wenn Sie nur Unbehagen verspüren, weil Ihr Wunsch bei Ihnen ein leichtes Kribbeln oder innere Spannung auslöst, dann ist das in Ordnung. Alles Neue bedeutet, dass Sie Ihren herkömmlichen Pfad verlassen und sich auf eine Abenteuerreise begeben. Jeder Mensch zeigt in einem solchen Moment Anspannung. Erlegen Sie sich keine Beschränkungen auf – wählen Sie das, was Ihnen am meisten gefällt und Freude bereitet.*

Falls Sie noch nicht mit dem Schreiben begonnen haben sollten, ist es jetzt an der Zeit. Zögern Sie nicht, denn wenn Sie vor diesem ersten Schritt haltmachen, wird es Ihnen schwerfallen, Ihr Selbst- und Zeitmanagement wirkungsvoll umzusetzen.

Wenn Sie nun die Schilderung Ihres idealen Tages betrachten, wird Ihnen vielleicht manches unrealistisch erscheinen. Aber mit Zielstrebigkeit und Engagement ist im Leben einiges erreichbar. Und bereits Hermann Hesse sagte: „Man muss das Unmögliche versuchen, um das Mögliche zu erreichen."

## Der Beginn der Eisenbahn

*Als Anfang des 19. Jahrhunderts die ersten Eisenbahnen gebaut wurden, waren sich die Gelehrten einig: Menschen, die eine Eisenbahn benutzten, würden schwer krank wegen der hohen Geschwindigkeit und fast das Bewusstsein verlieren. Deshalb warnten sie ausdrücklich vor dieser Neuerung. Einige empfahlen sogar, man solle die gesamte Eisenbahnstrecke mit einem Bretterzaun umgeben, damit das Vieh auf der Weide nicht wahnsinnig würde.*

*Wir heute können über solche Ansichten nur noch schmunzeln, denn damals erreichten die Eisenbahnen eine Geschwindigkeit von nur 30 Stundenkilometern, während heute Hochgeschwindigkeitszüge mit einem Tempo von über 300 Stundenkilometern über die Schienen brausen.*

Festgefahrenes und voreingenommenes Denken verhindert jede Innovation. Machen Sie also nicht den gleichen Fehler: Sie können viel mehr erreichen, als Sie denken.

Um Ihre Ziele genauer zu definieren, sollten Sie die Beschreibung Ihres idealen Tages noch einmal durchlesen. Versuchen Sie herauszufinden, welche Ziele Sie daraus für Ihr Berufs- und Privatleben ableiten könnten, und notieren Sie sie. Sortieren Sie dann die Ziele oder Aspekte Ihres idealen Tages:

▸ Welche Ziele oder Teile Ihres Traumes sind für Sie wichtig?

▸ Welche grundlegenden Werte spiegeln sich in Ihrer Beschreibung?

▸ Was ist Ihnen an Ihrem idealen Tag so bedeutsam, dass Sie es auf jeden Fall verwirklichen wollen?

▸ Auf welche Dinge in Ihrem idealen Tag könnten Sie notfalls verzichten, wenn sich die Realisierung als besonders schwierig erweist?

▸ Welche Aspekte an Ihrem idealen Tag sind nicht so bedeutsam und stellen eher „schmückendes Beiwerk" dar?

▸ Worauf könnten Sie ohne Reue verzichten?

Anhand dieser Analyse kommen Sie Ihren Lebenszielen näher. Vielleicht haben Sie bereits jetzt ein Lebensziel gefunden, das Sie unbedingt umsetzen möchten.

> Die Übung „Der ideale Tag" sollten Sie häufiger machen, denn auch Ihre Wünsche und Träume wandeln sich mit Ihrer persönlichen Entwicklung.

## Ihre beruflichen Träume

Eine andere Übung, mit der Sie herausfinden können, was Ihnen im Leben wichtig ist, ist „Die sieben Leben einer Katze". Hier haben Sie die Möglichkeit, mehrere Lebensentwürfe mit verschiedenen Berufen in Gedanken auszuprobieren – ohne sich für einen entscheiden zu müssen.

### Übung: Die sieben Leben einer Katze

*Der Katze sagt man im Volksmund nach, sie habe sieben Leben. Versuchen Sie sich einmal vorzustellen, Sie hätten sieben Leben. Welchen Beruf würden Sie in jedem dieser Leben ausüben? Möchten Sie gerne Pilot, Fußballtrainer, Arzt, Lateinlehrer, Bildhauer oder Gärtner werden? Seien Sie ehrlich zu sich selbst: Welche Tätigkeit fasziniert Sie?*

*Wenn Sie sich nun Ihre sieben imaginären Leben anschauen, was könnten Sie davon in Ihrem Alltag verwirklichen? Wenn Sie der Beruf des Gärtners beeindruckt, dann könnten Sie sich beispielsweise einen großen Garten zulegen, den Sie dann selbst gestalten.*

## Ihre privaten Träume

Wir haben uns in der letzten Übung vor allem mit Ihren Berufswünschen befasst. Doch Ihr Leben umfasst viele andere Bereiche, die Sie ebenfalls berücksichtigten sollten:

### Übung: Fünf Impulse

*Gehen Sie an die folgenden Aufgaben eher spielerisch heran. Seien Sie spontan und notieren Sie, was Ihnen einfällt, ohne länger nachzudenken.*

▸ *Nennen Sie fünf Hobbys, die Ihnen Freude bereiten würden.*

▸ *Zählen Sie fünf Kurse auf, die Sie gerne belegen würden.*

▸ *Listen Sie fünf Tätigkeiten auf, die Sie nie tun würden, die Sie aber insgeheim faszinieren.*

▸ *Nennen Sie fünf Dinge, die Sie früher gerne gemacht haben.*

▸ *Nennen Sie fünf Fähigkeiten, die Sie gerne hätten.*

Mit dieser Übung finden Sie heraus, was Ihnen Freude bereitet und was Sie motiviert. Vielleicht sollten Sie darüber nachdenken, ein Hobby zu pflegen, das Sie immer schon fasziniert hat. Oder Sie beschäftigen sich in einem Kurs mit etwas, das Sie noch gar nicht kennen. Möglicherweise haben Sie in Ihrer Kindheit oder Jugend Dinge interessant gefunden, die Sie vergessen haben, die Sie aber gerne wieder aufgreifen möchten. Durch solche kleinen Veränderungen geben Sie Ihrem Leben neuen Schwung und „proben" schon einmal für größere Veränderungen.

## Ihre materiellen Träume

Sie werden nun viele Ideen entwickelt und einige neue Anstöße für Ihr Leben gefunden haben. Doch vielleicht möchten Sie auch gerne ein paar Dinge besitzen, die Ihnen am Herzen liegen und die Sie sich schon lange wünschen.

### Übung: Ihr Wunschzettel

*Kinder schreiben in der Vorweihnachtszeit oft lange Wunschzettel, die sie dann Ihren Eltern zukommen lassen. Machen Sie dasselbe: Schreiben Sie einen langen Wunschzettel mit mindestens zehn Gegenständen oder Dingen, die Sie unbedingt haben möchten. Dies kann ein Motorrad oder ein Haus sein. Vielleicht wünschen Sie sich auch ein neuen PC oder ein neues Sofa. Lassen Sie Ihrer Fantasie freien Lauf!*

Hinter den Dingen, die Sie sich wünschen, verbergen sich oft Träume, Werte und Ziele, die Sie ihn Ihrem Leben leiten. Wenn Sie sich beispielsweise ein Haus wünschen, dann steht dieses Heim auch für Ihre Sehnsucht nach Sicherheit, Geborgenheit und Wohlstand. Denken Sie darüber nach, für welche Werte und Sehnsüchte die Dinge, die Sie sich wünschen, stehen – dadurch kommen Sie Ihren wahren Zielen näher.

## Ihre wichtigsten Wunschträume

In einer weiteren Übung wollen wir nun ermitteln, welche Ziele für Sie besonders wichtig sind und die höchste Priorität genießen.

## Übung: Ihr letztes halbes Jahr

*Stellen Sie sich vor, Ihr Arzt teilt Ihnen mit, dass Sie wegen einer schweren Erkrankung nur noch ein halbes Jahr zu leben haben. Was würden Sie in diesem halben Jahr tun?*

▸ *Würden Sie eine Weltreise machen?*

▸ *Würden Sie Ihren Beruf aufgeben?*

*Schreiben Sie bitte alles auf.*

*Wenn Sie nun festgestellt haben, dass Sie etwas aufgeben würden, mit dem Sie unzufrieden sind, dann versuchen Sie herauszufinden, warum dies so ist.*

Diese zugegebenermaßen etwas makabre Übung öffnet Ihnen die Augen dafür, was wirklich für Sie wichtig ist. Sie kann Ihnen zeigen, in welchen Bereichen Sie etwas verändern sollten und wo Sie mit Ihrem bisherigen Leben vollständig glücklich und zufrieden sind.

Versuchen Sie, anhand Ihres idealen Tages und der anderen Übungen die folgenden Schlüsselfragen zu beantworten:

▸ Für welches Ziel im Leben würden Sie alles geben?

▸ Was ist Ihnen das Wichtigste im Leben?

▸ Welche Dinge möchten Sie gerne besitzen?

▸ Was würden Sie gern einmal ausprobieren?

▸ Was möchten Sie in Ihrem Leben ändern? Welche Alternativen gibt es für Sie?

Jede Lebenszeit ist begrenzt, und irgendwann kommt der Augenblick, in dem Sie nichts mehr tun können, in dem Ihr Ende gekommen ist. Überlegen Sie sich deshalb, was Sie alles noch tun möchten. Denken Sie daran, Sie sind als

Mensch einzigartig. In der Geschichte wird es nie mehr jemanden wie Sie geben.

### Übung: 100 Dinge, die Sie vor Ihrem Ende tun sollten

*Vor einigen Jahren erschien ein Buch mit dem Titel „100 Dinge, die Sie tun sollten, solange Sie diesen Planeten bewohnen". Die Autoren schlagen darin beispielsweise vor,*

▸ *sich eine totale Sonnenfinsternis anzusehen,*

▸ *im Regenwald zu schlafen,*

▸ *eine vom Aussterben bedrohte Sprache zu lernen,*

▸ *den Nordpolarkreis zu besuchen oder*

▸ *mit einem Hai zu schwimmen.*

*Vielleicht finden Sie diese Dinge etwas bizarr oder verwegen. Nichtsdestoweniger sollten Sie sich Gedanken machen, was Sie mit dem Rest Ihres Lebens tun wollen.*

▸ *Haben Sie sich immer schon etwas Ausgefallenes gewünscht?*

▸ *Wollten Sie schon immer einmal eine Radtour durch Australien machen,*

▸ *den Kilimandscharo besteigen oder*

▸ *an einem Rodeo teilnehmen?*

*Fangen Sie gleich an: Machen Sie eine Liste mit 100 Dingen, die Sie vor Ihrem Lebensende gerne tun möchten. Schreiben Sie alles auf und setzen Sie zumindest zwei oder drei ausgewählte Projekte um.*

Es ist wichtig, dass Sie etwas von dem realisieren, das Sie sich wünschen. Dadurch können Sie Ihrem Leben neue Impulse geben.

### Übung: Ihre Fee

*Stellen Sie sich vor, Ihnen würde wie im Märchen eine Fee begegnen und Sie hätten drei Wünsche frei, die umgehend in Erfüllung gehen. Schreiben Sie sofort den Wunsch auf, der Ihnen zuerst einfällt, und dann die beiden anderen Wünsche.*

Haben Sie Ihren wichtigsten Wunsch gefunden? Haben Sie bisher etwas unternommen, um sich diesen Wunsch zu erfüllen? Falls nicht, dann legen Sie los!

Vielleicht werden Sie einwenden, es sei sehr schwierig und mit vielen Problemen verbunden, wenn Sie jetzt das Leben führen wollten, das Sie an Ihrem idealen Tag beschrieben haben. Machen Sie sich Folgendes klar:

▸ Es ist nie zu spät; solange Sie leben, können Sie alles ändern. Uns Sie können noch in dieser Minute damit anfangen!

▸ Reden Sie sich nicht ein, Sie brauchten genügend Gold, um etwas anderes zu tun. Die ersten Schritte können Sie immer sofort tun.

▸ Glauben Sie nicht, erst im Ruhestand hätten Sie genügend Zeit, um Ihre Träume zu erfüllen.

▸ Sagen Sie nicht, dass Ihre Träume ohnehin nicht in Erfüllung gehen. Wenn Sie es nie versuchen, werden Sie niemals wissen, welche Erfolge Sie erzielen können.

Es ist Ihr Leben, und Sie haben nur dieses eine. Machen Sie das Beste daraus. Um Ihre Ziele noch konkreter zu fassen, ist eine weitere Übung sinnvoll.

## Übung: Wenn ich noch einmal 20 wäre

*Was würden Sie tun, wenn Sie noch einmal 20 Jahre alt wären? Würden Sie alles anders machen?*

▸ *Einen anderen Beruf ergreifen, anderswo leben?*

▸ *Ein neues Hobby beginnen?*

▸ *Mehr reisen?*

▸ *Später heiraten?*

▸ *Oder würden Sie alles so noch einmal machen, wie Sie es bisher getan haben?*

Sie haben bereits den ersten wichtigen Schritt in Ihrer Lebensplanung gemacht und Ihre Wünsche und Träume konkretisiert. Wir benötigen diese Ergebnisse später zur Erstellung Ihres Lebensplans.

Denken Sie daran: Nichts ist so kostbar wie die Zeit. Selbst wenn Sie so reich wie Bill Gates wären, könnten Sie nicht eine Minute mehr Lebenszeit kaufen. Vergeuden Sie keine Zeit mit Dingen, die Ihnen nicht wirklich wichtig sind.

Halten Sie die Ergebnisse in einer vorläufigen Auswertung fest, indem Sie folgende Fragen beantworten:

▸ Was ist mir in meinem Leben wichtig?

▸ Welche Ziele will ich unbedingt erreichen?

▸ Welche Werte will ich leben?

▸ Wo möchte ich gerne leben?

▸ Was will ich aus mir machen?

▸ Was will ich besitzen?

> **Auf den Punkt gebracht**
>
> Der erste Schritt zum Erfolg besteht darin, sich konkrete Ziele zu setzen, mit deren Hilfe die eigenen Wünsche und Träume verwirklicht werden können.

# Ihr Lebensplan

### Ihre zehn wichtigsten Lebensziele

*Ein Mensch ohne Ziele ist wie ein Himmel ohne Sterne. (Kurt Fink)*

In einem nächsten Schritt versuchen wir nun, Ihren Lebensplan zu erstellen. Schreiben Sie zunächst Ihre zehn wichtigsten Lebensziele auf.

Achten Sie darauf, dass Ihre Ziele positiv formuliert sind. Schreiben Sie also nicht: „Ich möchte nicht mehr übergewichtig sein." Wenn Sie solche negativen Formulierungen verwenden, dann taucht die Vorstellung, übergewichtig zu sein, immer wieder auf und beeinflusst Sie zu Ihren Ungunsten. Solche verneinenden Sätze lassen sich nämlich nicht bildlich umsetzen. Machen wir die Probe: Denken Sie jetzt bitte nicht an einen Elefanten! Unvermeidlich wird vor Ihrem geistigen Auge ein solcher Dickhäuter erschienen sein. Deshalb sollten Sie alle Ihre Ziele positiv formulieren. Wenn Sie abnehmen wollen, schreiben Sie besser: „Ich möchte eine schlanke Figur haben."

Wichtig ist auch, dass Ihre Ziele möglichst konkret sind:

▸ Wenn Sie sich wünschen, dass es mehr Frieden auf der Welt gibt, dann ist dieses Ziel zu schwammig. Fragen Sie sich besser: Was können Sie persönlich zu mehr Frieden in der Welt beitragen?

▸ Wenn Sie ein Vermögen haben wollen, dann schreiben Sie nicht nur hin, dass Sie reich sein wollen. Fügen Sie zumindest in Klammern hinzu, was Sie unter „Reichtum" verstehen und was Sie damit anfangen wollen (z. B. eine Million in Aktien, ein Haus auf Sylt, eine Segelyacht usw.).

Machen Sie sich zunächst noch keine Gedanken über die Reihenfolge Ihrer Ziele. Notieren Sie die Lebensziele ganz spontan, bringen Sie sie aber dann in eine sinnvolle Rangfolge (von wichtig zu weniger wichtig). Falls Sie dabei Schwierigkeiten haben, kann Ihnen die folgende Übung helfen:

## Übung: Das Zielduell

*Wenn Sie gleichwertige Ziele haben, von denen Sie nicht wissen, welches für Sie wichtiger ist, dann bilden Sie Paare aus allen jeweils gleichwertigen Zielen. Lassen Sie zwischen den beiden Zielen einen geringen Abstand, und zeichnen Sie intuitiv einen Pfeil ein, der in die Richtung des wichtigeren Ziels zeigt. In den meisten Fällen werden Sie dann sofort erkennen, welches Ziel zumindest ein wenig bedeutsamer für Sie ist.*

Sie können auch an mehr als zehn Lebenszielen festhalten, aber überfordern Sie sich am Anfang nicht. Auch sollten

Sie nicht weniger als zehn Ziele aufschreiben, da Ihr Lebensplan Sie sonst vielleicht nicht genügend ansport.

Fragen Sie sich, was Ihnen ein Ziel einbringen wird, wenn Sie es realisiert haben:

▸ Sind Sie dann reich, berühmt, gesund, glücklich oder zufrieden?

▸ Was werden Sie erreicht haben?

Haben Sie Ihren Lebensplan aufgeschrieben? Sehr gut! Sie sind nun viel weiter als die Mehrzahl der Menschen, die keinen festen Plan haben und bald dies, bald jenes planen, ohne ihr Leben jedoch auf die Ihnen wichtigen Ziele auszurichten.

Und dass genau das entscheidend ist, zeigt eine wissenschaftliche Langzeitstudie der Harvard-Universität zum Thema „Werdegang von Studienabgängern über einen Zeitraum von zehn Jahren":

▸ Hochschulabgänger, die keine klaren Ziele für ihr späteres Leben hatten – und das waren 83 Prozent aller Befragten –, erreichten nur ein durchschnittliches Einkommen im Beruf.

▸ 14 Prozent der Absolventen hatten klare Ziele für ihre berufliche Zukunft, hatten diese aber nicht ausgearbeitet oder schriftlich festgehalten. Sie verdienten das Dreifache jener, die keine Ziele hatten.

▸ 3 Prozent der Absolventen hingegen hatten einen schriftlich ausgearbeiteten Plan und erreichen das zehnfache Einkommen.

Diese Studie macht deutlich: Das Selbstmanagement hat für Ihren Lebens- und Berufserfolg einen entscheidenden Stellenwert. Arbeiten Sie daher Ihren Lebensplan so sorgfältig wie möglich aus.

Nachdem Sie nun Ihre zehn wichtigsten Lebensziele in der richtigen Reihenfolge notiert haben, ist es wichtig, dass wir uns noch einmal genauer ansehen, welche Werte und welche Motivation sich hinter Ihren Zielen verbergen.

### Übung: Was sind Ihre Motive und Werte?

*Schreiben Sie hinter jedes Ziel, das Sie sich ausgewählt haben, eine Begründung, in der Sie Ihre Motive und die Ihnen wichtigen Werte mit einbeziehen. Wenn Sie beispielsweise ein Haus haben wollen, dann begründen Sie, weshalb.*

▸ *Möchten Sie Ihren Eltern imponieren?*

▸ *Ein gemütliches Heim für Ihre Familie haben?*

▸ *Mit dem Haus ein Vermögen aufbauen?*

▸ *Ihre Fähigkeiten als Hobbyhandwerker unter Beweis stellen?*

*Hinter all diesen Begründungen verbergen sich bestimmte Werte wie soziale Anerkennung, Geborgenheit, Ansehen, Sicherheit, Selbstverwirklichung usw.*

Versuchen Sie herauszufinden, welches Ihre drei wichtigsten Werte sind:

▸ Möchten Sie soziale Anerkennung oder eher Ruhm?

▸ Streben Sie nach Geborgenheit und Sicherheit, oder lieben Sie eher das Abenteuer und das Risiko?

Ihre Werte sind wichtig, denn aus ihnen speisen sich Ihre Wünsche, Träume und Ziele.

Wenn Sie wissen, welche Motive Sie leiten und nach welchen Grundwerten Sie leben möchten, können Sie leicht Alternativen finden, wenn ein Ziel für Sie nicht realisierbar ist: Sie können es durch ein anderes ersetzen, solange dieses Ihren Werten gerecht wird.

### Archäologe: Galerist oder Forscher?

*Wenn Sie beispielsweise davon träumen, Archäologe zu werden, dann verbergen sich hinter diesem Berufswunsch bestimmte Werte und Bedürfnisse. Vielleicht beschäftigen Sie sich gerne mit kulturellen und historischen Fragen. Oder Sie hätten vor allem Spaß daran, im Freien zu arbeiten – zum Beispiel bei Ausgrabungen. Falls Sie nun keine Gelegenheit hatten zu studieren, dann könnten Sie Ihr ursprüngliches Ziel durch folgende ersetzen:*

▸ *Bei Interesse an Kultur und Historie könnten Sie versuchen, in einem Museum oder einer Kunstgalerie zu arbeiten.*

▸ *Falls Sie gerne draußen arbeiten, könnten Sie Grabungstechniker, aber auch Gärtner oder Landschaftsgestalter werden.*

Je mehr Sie sich über Ihre eigenen Motive im Klaren sind, desto leichter fällt es Ihnen, Ihre Ziele an Ihren persönlichen Talenten und sich ändernden Voraussetzungen zu orientieren und desto fester können Sie das jeweilige Ziel in Ihrem Lebensplan verankern.

## Termine setzen

Es genügt jedoch nicht, dass Sie Ihre Ziele schriftlich fest-halten. In einem nächsten Schritt müssen wir den Lebens-plan so bearbeiten, dass er realisierbar wird.

Der wichtigste Aspekt ist dabei, Termine zu setzen. Ziele ohne ein klares Datum sind nichts anderes als unverbindli-che Absichtserklärungen. Sie ähneln damit den Vorsätzen, die man am Silvesterabend fasst und zwei Wochen später wieder fallen lässt.

> **!** Schreiben Sie hinter jedes einzelne Lebensziel ein kon-kretes Datum. Es reicht, wenn Sie Monat und Jahr an-geben.

Wenn Sie damit Probleme haben, einen Zeitpunkt zu be-nennen, sollten Sie es dennoch versuchen. Wenn Sie sich dagegen sträuben, kann dies darauf hindeuten, dass Sie sich mit dem Ziel noch nicht ausführlich befasst haben. Sie sollten sich noch mehr Gedanken dazu machen. Falls Sie partout kein Datum nennen wollen oder keines finden, kann es auch daran liegen, dass Sie dieses Ziel nicht wirk-lich ernsthaft verfolgen wollen.

Vielleicht mag es Ihnen wünschenswert erscheinen, an einem Schönheitswettbewerb auf Hawaii teilzunehmen, aber insgeheim halten Sie diesen Wunsch für eine unsinni-ge und völlig absurde Idee. Geben Sie aber nicht vorschnell Wünsche auf, die Ihnen wirklich am Herzen liegen. Fragen Sie sich noch einmal, ob Sie sich diesen Wunsch auch erfül-len wollten, wenn Sie nur noch sechs Monate zu leben hätten. Ist Ihre Sehnsucht danach so groß, sollten Sie Ihren Wunsch auf jeden Fall beibehalten.

Wünsche, für die Sie kein Datum finden, weil Sie Ihnen in Wirklichkeit nichts bedeuten, sollten Sie aus Ihrem Lebensplan streichen und sich dafür ein neues, für Sie bedeutsames Ziel suchen. Denken Sie daran: Ein Ziel ohne Datum ist sinnlos. Sich einen Termin zu setzen bedeutet, das Ziel ernst zu nehmen und über seine Realisierung nachzudenken. Erst der Termin gibt Ihnen einen Anstoß zum Handeln.

Nachdem Sie alle Ziele – soweit möglich – mit einem Datum versehen haben, erstellen Sie eine neue Rangfolge, die mit kurzfristigen Zielen beginnt und mit den langfristigen endet.

## Die Lebensziele konkretisieren

Damit haben Sie schon sehr viel getan, um Ihre Lebensplanung voranzutreiben. In einem nächsten Schritt werden wir nun die einzelnen Lebensziele weiter differenzieren und anschaulicher machen.

### Übung: Ideen für Ihre Lebensziele sammeln

*Reservieren Sie in Ihrem Lebensplaner (Heft, Kollegblock) eine Seite für jedes Lebensziel. Schreiben Sie groß das jeweilige Lebensziel mit dem Datum als Überschrift auf das Blatt. Danach führen Sie ein Brainstorming durch. Notieren Sie alle Ideen, die sich auf dieses Ziel beziehen, und mögen sie auch noch so skurril und realitätsfern sein. Zensieren Sie Ihre Gedanken nicht, sondern schreiben Sie spontan und unvoreingenommen alles auf, was Ihnen durch den Kopf geht und was Ihnen einfällt. Fragen Sie sich: Wie könnte ich dieses Ziel erreichen?*

In vielen Fällen werden Sie überrascht sein, wie viele Ideen und Geistesblitze Ihnen kommen. Es kann jedoch sein, dass Ihnen Ihre eigenen Ideen nicht weiterhelfen, da Sie mit dem Lebensbereich, in dem Ihr Lebensziel angesiedelt ist, noch nicht vertraut sind. Wenn Sie beispielsweise ein neues Hobby wie Surfen oder Golfspielen beginnen wollen, kann es sein, dass Sie nur wenig über diese Sportart wissen und sich nicht auskennen. In diesem Fall ist es ratsam, dass Sie sich möglichst viele Informationen über dieses Thema besorgen.

### Übung: Informationssuche zu Ihrem Lebensziel

*Beschaffen Sie sich Informationen zu Ihrem Ziel. Lesen Sie Bücher und Zeitschriftenaufsätze; gehen Sie in Bibliotheken und Buchhandlungen; schauen Sie im Internet nach. Je mehr Informationen Sie sammeln, desto sicherer können Sie das Ziel angehen.*

*Bei manchen Berufen oder Wünschen werden Sie dennoch nicht genügend Informationen erhalten, da dieses Wissen nur über Experten abzurufen ist. Sie werden sehen, dass die Lebenserfahrung, die erfolgreiche Menschen haben, ein wichtiger Impuls ist und Ihnen Geheimnisse und Details vermittelt, die Sie in keinem Buch finden werden.*

*Machen Sie sich dieses Wissen zunutze, um Ihre Ziele zu verwirklichen. Falls Sie sich scheuen, solche Experten persönlich zu befragen, so ist Ihre Furcht unbegründet. Viele Experten und Koryphäen geben gerne ihre Lebenserfahrung weiter und werden Sie ermuntern, Ihren eigenen Weg zu gehen. Sie können der Person, die für Ihr Lebensziel bedeutsam ist, eine E-Mail oder einen Brief schreiben oder um ein kurzes Telefonat bitten. Sie werden sehen, dass Sie viel mehr positive Resonanz erhalten, als Sie je gedacht hätten.*

Notieren Sie sich alles Wichtige auf Ihrer Seite und fügen Sie alle Informationsquellen hinzu, wenn Sie beispielsweise Webseiten gefunden haben, die sich auf Ihr Thema beziehen, oder einzelne Fachzeitschriften und Bücher. Für die Informationssuche sollten Sie sich mehrere Wochen Zeit lassen, um die wesentlichen Grundlagen zu einem Fachgebiet zusammenzutragen.

---

**Auf den Punkt gebracht**

Ein Lebensplan, in dem Sie Ihre Lebensziele notieren und mit konkreten Terminen versehen, ist für Ihren Erfolg sehr wichtig, denn erst dadurch können Sie Ihre Ziele, Träume und Wünsche konkretisieren und aufeinander abstimmen.

---

# Der detaillierte Lebensplan

## *Teilziele definieren*

Um Ihre Lebensziele realisieren zu können, müssen Sie noch etwas tun: Es ist an der Zeit, die großen Lebensziele in kleinere Unterziele und Zwischenschritte aufzufächern.

*Wenn Sie abnehmen wollen ...*

▸ *... dann informieren Sie sich, welche Sportvereine und Fitnessstudios sich in Ihrer Nähe befinden.*
▸ *Vergleichen Sie die Angebote.*
▸ *Suchen Sie sich eines aus.*
▸ *Reservieren Sie eine bestimmte Zeit in Ihrem Terminkalender.*

Alle Unterziele sind letztlich Zwischenetappen und Meilensteine zu Ihrem Lebensziel. Solche Zwischenziele benötigen Sie, um sich zu motivieren. Niemand kann ein großes Lebensziel in einem Atemzug verwirklichen. Es wäre so, als wollten Sie mit einer leichten Wanderausrüstung den Mount Everest erklimmen. Sie müssten schon am Fuße des Berges aufgeben und würden endgültig resignieren. Erst durch solche Meilensteine kann eine Realisierung überhaupt erfolgen. Ein chinesisches Sprichwort besagt: „Jede große Reise beginnt mit dem ersten Schritt".

Ihre Unterziele umfassen auch Routineaufgaben, die Sie erledigen sollten. Schreiben Sie zu jedem Unterziel, das Sie sich gesetzt haben, ebenfalls einen Termin. Wenn Sie Französisch lernen wollen, halten Sie fest, wann Sie sich bei der Volkshochschule anmelden und wann Sie die Lehrbücher kaufen wollen. Notieren Sie diese Termine in Ihrem Kalender oder in Ihrem elektronischen Zeitplaner. Dieses Verfahren führen Sie für alle Ihre Lebensziele durch.

Sie haben jetzt zehn Seiten gefüllt mit Ihren Lebenszielen, den Ideen, den Unterzielen und Meilensteinen und den dazu gehörenden Terminen.

## Termine einhalten

Wichtig ist es nun, dass Sie die Termine einhalten. Machen Sie hinter jedem Datum ein Kästchen, das Sie abhaken, wenn Sie die Aufgabe erledigt haben. Notieren Sie sich jedes Ziel für einen Tag auf einer speziellen Tagesliste (To-do-Liste) und machen Sie sich zusätzlich eine Wochenliste. Um die To-do-Liste nicht zu vergessen, können Sie diese als Post-it an Ihren PC-Bildschirm, Ihren Badezimmer-Spiegel oder Ihre Kühlschranktür heften. Seien Sie konsequent und erledigen Sie Ihre Aufgaben.

Wenn Sie am Ende einer Woche feststellen, dass Sie nur einen Bruchteil der Aufgaben erledigt haben, dann sollten Sie eine Analyse durchführen:

▸ Warum haben Sie die Aufgaben nicht erledigt?

▸ Hatten Sie keine Lust?

▸ Waren die Aufgaben zu schwer?

▸ Waren Sie zu sehr beschäftigt?

Achten Sie darauf, dass Sie die Aufgaben, die Ihnen wichtig sind, auch erledigen. Natürlich kann es äußere Umstände geben, die Sie daran hindern, Ihre Ziele zu erreichen. Wichtig ist es aber, dass Sie mit Zuversicht ans Werk gehen. Es ist Ihr Leben – tun Sie nur das, was Sie persönlich für richtig halten. Sie werden im Leben umso mehr Erfolg haben und Ihre Ziele erreichen, je mehr Sie zu sich stehen und sich so entwickeln, wie es Ihren Wünschen entspricht.

### Übung: Was ist Ihre Mission?

*Diese Übung ist etwas schwieriger, aber es lohnt sich, sie durchzuführen. Überlegen Sie einmal, was Ihre Mission ist.*

> ‣ *Was möchten Sie in diesem Leben erreichen?*
> ‣ *Welchen Beitrag möchten Sie zum Wohlergehen der Menschheit leisten?*
> ‣ *Was ist es, woran die Menschen nach Ihrem Tod denken sollen, wenn sie Ihren Namen hören?*
> *Fassen Sie diese Mission in einem einzigen Satz zusammen.*

Sie kennen sicher die Mission-Statements, die Unternehmen im Rahmen Ihrer Unternehmensphilosophie zusammenfassen. Versuchen Sie, Ihre Mission in einem kurzen Statement auf den Punkt zu bringen.

---

**Auf den Punkt gebracht**

Ziele sind leichter zu erreichen, wenn man sie in Unterziele auffächert und in kleine Schritte zerlegt.

Setzen Sie sich für jedes Teilziel einen Termin und überlegen Sie, falls Sie Ihre Aufgaben nicht erledigt haben, woran es gelegen haben könnte.

---

## Die Endfassung

> *Wer vom Ziel nicht weiß, kann den Weg nicht haben*
> *und wird im selben Kreis all sein Leben traben.*
> *(Christian Morgenstern)*

Um einen kompletten Lebensplan zu erstellen, benötigen Sie einige Zeit; aber danach wissen Sie, was in Ihrem Leben wirklich wichtig ist und welche Schritte notwendig sind, um Ihre Ziele zu erreichen, und was Sie tun müssen, um erfolgreich zu sein.

## Ihr Mission-Statement und Ihre Werte

Nehmen Sie ein neues Blatt auf Ihrem Block und schreiben Sie oben auf die Seite groß „Mein Lebensplan". Als Erstes notieren Sie Ihr Mission-Statement, das gleichsam die Einleitung oder das Vorwort zu Ihrem Lebensplan bildet. Dann halten Sie Ihre wichtigsten Werte in der Reihenfolge Ihrer Wichtigkeit fest. Wenn Treue, Erfolg und Zuverlässigkeit Ihre wichtigsten Werte sind, dann schreiben Sie diese in der für Sie richtigen Reihenfolge hin.

## Ihre Vorbilder

Anschließend überlegen Sie sich, welche Vor- oder Leitbilder Sie haben. Ist es vielleicht ein berühmter Sportler, ein guter Freund, eine Angehörige, ein Politiker, eine Wissenschaftlerin oder ein Künstler?

Vielleicht haben Sie auch kein solches Leitbild, weil Sie Ihr Leben als so einzigartig empfinden, dass es sich nicht mit anderen Biografien vergleichen lässt. Falls dies der Fall ist, können Sie auf solche Leit- oder Vorbilder verzichten.

Falls Sie jedoch eine bestimmte Person bewundern und deren Eigenschaften haben möchten, dann schreiben Sie den Namen Ihres Idols oder Vorbilds hin. Es können auch mehrere Personen sein.

### Übung: Mit wem möchten Sie gerne tauschen?

*In dieser Übung sollten Sie sich überlegen, mit welcher berühmten Persönlichkeit oder mit welchem anderen Menschen z. B. in Ihrer Umgebung Sie gerne tauschen würden. Fällt Ihnen jemand ein? Wenn ja, dann fragen Sie sich,*

▸ *was Sie an dem Leben dieser Person so sehr bewundern und*

▸ *was Sie daran erstrebenswert finden.*

*Dadurch können Sie einen Hinweis auf den Beruf finden, der sich für Sie besonders eignet, die Lebensform, in der Sie sich am wohlsten fühlen könnten, oder die Eigenschaften, die Sie für sich noch entwickeln möchten.*

Wenn Sie eine bestimmte Tätigkeit oder einen bestimmten Beruf oder Lebensstil anstreben, kann es Ihnen helfen, Biografien über Ihre Vorbilder zu lesen oder die Menschen in Ihrer Umgebung, die Sie bewundern, zu fragen, wie sie das erreicht haben, was Sie Ihnen an ihnen gefällt. Möchten Sie gerne Maler werden, dann lesen Sie Biografien über Picasso, Gauguin oder Rembrandt. Wenn Sie eine Vorstandsposition in einem Unternehmen mehr reizt, dann lesen Sie die Memoiren und Lebensbeschreibungen von Wirtschaftsmagnaten und den Tycoons des 21. Jahrhunderts. Sie werden anhand dieser Lebensgeschichten erkennen, dass jede Biografie ihre eigenen Höhen und Tiefen hat und dass Menschen auch in scheinbar ausweglosen Situationen ihre Krisen meistern und einen großen Erfolg erringen. Wenn Sie sehen, welche Probleme andere bewältigen mussten, werden Sie angespornt, Ihr Bestes zu geben und nach neuen Lösungen Ausschau zu halten.

## Ihre Ziele

> *Sobald der Geist auf ein Ziel gerichtet ist,*
> *kommt ihm vieles entgegen.*
> *(Johann Wolfgang von Goethe)*

Im nächsten Schritt bearbeiten wir die einzelnen Ziele in Ihrem Lebensplan. Schreiben Sie Ihr wichtigstes Lebensziel auf und fügen Sie das konkrete Datum hinzu, an dem Sie es erreicht haben wollen. Möglicherweise ist Ihr wichtigstes Lebensziel, einen neuen Beruf zu erlernen, ein Haus zu kaufen, eine Familie zu gründen oder eine Weltreise zu machen. Notieren Sie es sich und fügen Sie auf jeden Fall ein Datum hinzu.

Beschreiben Sie Ihr Lebensziel detailliert. Lassen Sie nichts weg, was bedeutsam sein könnte. Die Beschreibung sollte so genau sein, dass Ihr Lebensziel ganz farbig, plastisch und real erscheint. Ein Leser muss sofort ein konkretes Bild vor Augen haben und erfassen können, was Sie meinen. Wenn Sie sich ein Haus wünschen, dann machen Sie sich bitte die Mühe und beschreiben es.

▸ Wo ist Ihr Traumhaus? In einer Vorstadtsiedlung, mitten in der City, in einem Dorf, am Strand?

▸ Wie viele Zimmer hat es? Wie sehen die einzelnen Zimmer aus?

Durch die Beschreibung beginnen Sie ganz nebenbei, Ihre Aufmerksamkeit zu fokussieren: Wenn Sie beispielsweise schon einmal ein rotes Auto kaufen wollten, dann werden Ihnen plötzlich überall beim Einkaufen oder auf dem Weg zur Arbeit rote Autos aufgefallen sein. Diese selektive Wahrnehmung beschleunigt Ihre Wunscherfüllung, denn

Sie achten nun viel mehr als sonst auf das, was Sie erreichen wollen.

## Surflehrer

*Stellen Sie sich vor: Sie möchten Surflehrer werden. Wenn Sie jeden Tag stundenlang unermüdlich Bücher und Fachzeitschriften lesen, im Internet Informationen über das Surfen sammeln, Kurse belegen, an Veranstaltungen teilnehmen, einem Verein oder Verband beitreten, Kataloge über Surfbretter wälzen und mit vielen Profisurfern sprechen, sind Sie eines Tages auf Ihrem Gebiet ein absoluter Experte. Sie werden allein durch Ihre Suche nach Informationen so vielen Menschen begegnet sein, dass Sie Ihre Chance, Ihren Traum zu verwirklichen, erhalten.*

Sollten Sie einmal ein Ziel erreicht haben und zu dem Schluss gelangen, dass es nicht das richtige war, dann ist dies nicht weiter problematisch. Ihre Ziele sind keine selbst verhängten Strafen, die Sie bis an Ihr Lebensende abbüßen müssen. Sie können immer wieder Ihren Lebensplan ändern, denn auch Sie entwickeln sich und gewinnen neue Einsichten.

Verhängnisvoll wäre es jedoch, wenn Sie sich überhaupt nicht entscheiden und abwarten. Wenn Sie sich nicht entscheiden, legen andere Ihre Richtung fest und treffen für Sie Entscheidungen.

Es ist besser, eine falsche Entscheidung zu treffen, als jahrelang abzuwarten. Irgendwann haben Sie den Schlusspunkt erreicht und können nichts mehr ändern.

Die Ziele, die Sie in Ihrem Lebensplan definieren, bilden gleichsam Orientierungsmarken auf Ihrem Weg zum Erfolg – sie sind die Meilensteine Ihrer Roadmap. Sie sollten diese Unterziele noch in einzelne Aktivitäten auffächern.

---

**Auf den Punkt gebracht**

Ihr Lebensplan enthält nicht nur die Ziele und Unterziele, sondern auch Ihre Werte, Ihre Vorbilder und die einzelnen Aktivitäten, die für die Umsetzung erforderlich sind.

---

## Ihr Aktionsplan

*Zeit ist nur dadurch, daß etwas geschieht, und nur dort,*
*wo etwas geschieht. (Ernst Bloch)*

Ihre Aktivitäten teilen Sie in Routinetätigkeiten auf, die in regelmäßigen Abständen verrichtet werden müssen, und einmalige Aktivitäten. Haken Sie jede Aktivität, die Sie ausgeführt haben, ab und markieren Sie diese damit als erledigt.

Wenn Sie Ihre Aufgaben nicht erledigt haben, dann analysieren Sie stets weshalb. Verschieben Sie keine Aktivitäten in eine ferne Zukunft, um sie dann zu vergessen. Wenn Sie den Eindruck haben, dass Sie dennoch nicht vorankommen, dann überprüfen Sie Ihre Lebensziele anhand der verschiedenen Szenarien (idealer Tag, letztes halbes Jahr etc.) erneut.

Jede Arbeit, und das gilt auch für Ihre Wunschträume, kann zeitweise eine Durststrecke sein, aber dennoch sollten

Sie langfristig das Gefühl haben, auf dem richtigen Weg zu sein. Wenn dies nicht der Fall ist, sollten Sie Ihre Lebensziele noch einmal überprüfen.

Ein Lebensziel ist dabei besonders kritisch: Wenn Sie vor allem Reichtum anstreben, dann kann es sein, dass Sie in Wirklichkeit noch nicht zu Ihrer Lebensbestimmung vorgedrungen sind. Denn häufig verbirgt sich hinter dem Wunsch, reich und wohlhabend zu sein, etwas völlig anderes.

Auch wenn es Ihnen verlockend erscheinen mag, den ganzen Tag an einem Palmenstrand in der Südsee mit Tequila Sunrise und Surfen zu verbringen, würde Ihnen ein solches Dasein nach mehreren Monaten ziemlich verdrießlich vorkommen. Nach einem halben Jahr wären die Palmen und die Sandstrände nicht mehr neu, und Sie würden sich langweilen.

Wenn Sie gezwungen wären, um reich zu werden, einen Beruf zu ergreifen, der Ihnen keinerlei Freude bereitet, stellt auch das Ihr Ziel infrage. Nur eine Minderheit strebt im tiefsten Innern Reichtum als eigenständiges Ziel an.

**!** Fragen Sie sich, ob sich hinter Ihrem Wunsch, reich zu sein, möglicherweise ein anderer Wunsch verbirgt, den Sie sich nicht eingestehen wollen oder vor dessen Realisierung Sie aus verschiedenen Gründen zurückschrecken.

▸ Vielleicht wären Sie gerne reich, um einen Beruf ausüben zu können, der nicht allzu lukrativ ist, Ihnen aber sehr viel Spaß machen würde: Vielleicht wären Sie beispielsweise gerne Künstler oder Galerist, haben aber Bedenken, ob Sie dann noch Ihre Familie versorgen können.

▸ Vielleicht wären Sie auch gerne reich, weil Sie nach finanzieller Sicherheit streben, die Sie bisher in diesem Maß nicht kannten.

▸ Vielleicht haben Sie schön öfter die Erfahrung machen müssen, dass Sie auf viel, was Sie gerne tun oder haben wollten, verzichten mussten, weil Sie es sich finanziell nicht leisten konnten.

Versuchen Sie, Lösungen für sich zu entwickeln, wie Sie Ihren Bedürfnissen gerecht werden können.

### *Übung: Ihr Brief an Sie*

*Schreiben Sie einen Brief an sich selbst, in dem Sie alle Lebensziele in ihrer Reihenfolge festhalten. Fügen Sie hinzu, warum Sie diese Ziele unbedingt erreichen wollen und was Sie sich für dieses Jahr noch vorgenommen haben.*

*Dann stecken Sie das Schreiben in einen Umschlag, kleben ihn zu und bewahren den Brief ein Jahr lang auf, ohne ihn zu öffnen.*

*Erst nach einem Jahr machen Sie ihn auf und lesen, was Sie geschrieben haben. Ziehen Sie Bilanz:*

▸ *Welche Ziele konnten Sie inzwischen erreichen?*

▸ *Welche Ziele möchten Sie abändern?*

▸ *Was empfinden Sie, wenn Sie den Text lesen?*

Nachdem Sie Ihren Lebensplan mit allen Zielen, Unterzielen und Aktivitäten erstellt haben, sollten wir uns mit der Umsetzung befassen. Erfolg werden Sie nur haben, wenn Sie die richtigen Strategien einsetzen, um Ihre Lebensziele zu verwirklichen.

---

**Auf den Punkt gebracht**

Ihre Ziele sollten Sie so weit auffächern, dass Sie eine Aktivitätenliste erhalten. Die einzelnen Aktivitäten stellen die Handlungen dar, die zu Ihrem Ziel führen.

# Erfolgsstrategien

Erfolgsstrategien helfen Ihnen, Ihre Ziele umzusetzen. Sie sind eine Methode, um Ihre Ziele schneller und besser zu erreichen.

## Vereinfachen Sie Ihr Leben!

Die Methode „*Simplify your life*" wurde zu einem viel beachteten Konzept, das überall Anklang findet. Die meisten Menschen sehnen sich nach einem ruhigeren und ausgeglicheneren Leben. Für manche genügt schon ein gemütlicher Garten, der Blick auf die Berge oder über das Meer. Schon in früheren Jahrhunderten träumten die Menschen vom einfachen und unbeschwerten Leben in der Natur. Je mehr Hektik und Stress zunehmen, desto mehr wächst die Sehnsucht nach einem stillen und geruhsamen Leben, das durch seine Einfachheit besticht.

Aktionismus und Hektik schaden letztlich Ihren Erfolgsaussichten, denn nur wenn Sie sich auf die wesentlichen Dinge in Ihrem Leben konzentrieren, werden Sie langfristig erfolgreich sein. Um fokussierter und ruhiger zu werden, können Sie das Prinzip der Einfachheit in Ihren Alltag integrieren:

▸ Machen Sie häufiger Wanderungen in der Natur. Genießen Sie das einfache Leben und nehmen Sie Ihre Umgebung bewusst wahr.

▸ Machen Sie am Wochenende einmal einen Kurzurlaub am Meer oder in den Bergen.

▸ Obwohl in vielen Unternehmen die Idee noch auf wenig Resonanz stößt, gewinnt das Sabbatjahr an Zustimmung. Viele Menschen, die tagaus, tagein acht Stunden arbeiten, wünschen sich eine längere Auszeit. Ein solches Sabbatical kann man dazu nutzen, sich neu zu orientieren, eine Weltreise zu machen oder eine Fortbildung zu absolvieren.

Obschon die Idee eines Ausstiegs auf Zeit sehr nützlich und verlockend erscheint, hat sie sich in der Praxis leider kaum durchgesetzt. Viele Mitarbeiter befürchten, dass eine einjährige Auszeit ihre Karrierechancen zunichte macht und sie ins Abseits befördert. Nur im öffentlichen Dienst konnte sich die Freistellung über einen gewissen Zeitraum etablieren.

Denken Sie darüber nach, ob ein Ausstieg auf Zeit für Sie eine Lösung sein könnte. Möchten Sie einmal auf einem Bauernhof leben oder eine Segeltour unternehmen? Wie würden Sie Ihr Sabbatical gestalten? Möchten Sie gerne eine Zeit lang in einem anderen Land oder in einer anderen Region leben?

Ein zentraler Punkt der Vereinfachung Ihres Lebens besteht darin, die Komplexität und die Vielschichtigkeit auf das eigentlich Wichtige zu beschränken. Entrümpeln Sie Ihr Leben, indem Sie nur das Wichtige und für Sie Bedeutsame festhalten. Überfluss kann zu einer Belastung werden.

Man kann, wenn man ein Büro oder eine Wohnung betritt, bereits feststellen, welche Atmosphäre dort vorherrscht. Wohnungen, die überfüllt sind, in denen alle Wände mit Regalen, Schränken, Tischen und Kommoden zugestellt sind, sorgen für eine angespannte Atmosphäre. Es ist kein

Zufall, dass in den letzten Jahren das chinesische Feng Shui immer mehr Zuspruch findet. In Hongkong und Singapur wurden ganze Hochhäuser nach den Prinzipien dieser Lehre architektonisch gestaltet. Achten Sie darauf, dass Ihr Leben und Ihre Umgebung nicht am Überfluss Schaden nehmen.

▸ Entrümpeln Sie Ihr Haus bzw. Ihre Wohnung: Gehen Sie jeden Raum einzeln durch und nehmen Sie zwei große Kartons. In den ersten Karton tun Sie jene Dinge und Gegenstände, die Sie vielleicht noch brauchen, aber nicht dringend benötigen, oder bei denen Sie keine klare Entscheidung treffen können. Im zweiten Karton entsorgen Sie alle Dinge, die Sie nicht mehr brauchen und die überflüssig sind. Dazu gehören Dinge wie die hässliche Krawatte, die Ihnen Ihre Cousine zum Geburtstag geschenkt hat, die kitschige Porzellanfigur vom letzten Venedig-Urlaub, das T-Shirt mit dem witzigen Aufdruck, den Sie nun gar nicht mehr witzig finden, und vieles andere. Gehen Sie jeden Raum genau durch; räumen Sie jeden Schrank und jedes Fach einzeln aus. Dinge, die Sie in Ihren ersten Karton geworfen haben, die Sie also möglicherweise noch benutzen, lagern Sie auf dem Dachboden oder in einem trockenen Keller. Nach drei Monaten gehen Sie den Karton noch einmal durch. Wenn Sie die Dinge immer noch nicht benötigt haben, sollten Sie sie wegwerfen. Trennen Sie sich von dem Ballast, der Ihr Leben nur unnötig beschwerlich macht.

▸ Wenn Sie etwas kaufen, überlegen Sie sich schon beim Kauf, was Sie dafür hinauswerfen. Stellen Sie sich es so vor: Alles, was in Ihre Wohnung kommt, verursacht Platzmangel. Deshalb muss es für jeden Zufluss auch einen Abfluss geben. Werfen Sie für jedes Stück, das Sie kaufen, etwas weg.

▸ Fragen Sie sich vor dem Kauf, ob der Gegenstand für Sie wirklich nützlich und hilfreich ist. Auch wenn ein Entsafter oder ein elektrischer Dosenöffner Ihre Faszination für technische Geräte entfacht, denken Sie darüber nach, wie oft Sie das Gerät wohl benutzen werden.

▸ Durchforsten Sie auch Ihre Garderobe. Kleidungsstücke, die Sie schon seit über einem Jahr nicht mehr getragen haben, können Sie getrost zur Altkleidersammlung geben. Denn wenn Ihnen das Kleidungsstück bis dahin nicht gefallen hat, werden Sie es auch in Zukunft nicht anziehen.

▸ Achten Sie vor allem auf Ihr Schlafzimmer. Wenn Sie dort zu viele Möbel haben, Gegenstände abstellen oder den Raum gar als Abstellkammer nutzen – manche lagern sogar Akten, Bücher und Unterlagen unter dem Bett –, werden Sie schlechter schlafen. Ihr Schlafzimmer sollte eher geräumig und leer sein.

▸ Diese Regel gilt für fast alle Räume: Leere Räume sind heutzutage kein Zeichen von Armut, sondern von Luxus. Die meisten Vorstandsbüros beeindrucken gerade durch Ihre Weitläufigkeit und Eleganz.

▸ Wer seine Zimmer mit Möbeln, Aktenordnern, Teppichen und Nippes füllt, darf sich nicht wundern, wenn er stets innere Nervosität verspürt. Geräumige Zimmer geben Ihnen den nötigen Freiraum für Ihre Selbstverwirklichung. Setzen Sie Akzente durch einzelne, geschickt platzierte Möbel.

▸ Leeren Sie regelmäßig Ihre Stauräume, den Dachboden und den Keller. Alles Alte und Gerümpel sollten Sie umgehend entfernen. Entledigen Sie sich dieses Ballasts.

▸ Man schätzt, dass ein durchschnittlicher Haushalt etwa 10.000 Gegenstände besitzt. Diese Fülle wirkt mit der Zeit bedrückend. Sortieren Sie daher alle Utensilien und Kleinigkeiten aus, die Sie nicht mehr benötigen. Je mehr Gerümpel sich bei Ihnen ansammelt, desto mehr wird dies für Sie zum Ballast. Die Unfähigkeit, Gegenstände und Müll wegzuwerfen, resultiert häufig aus einer diffusen Angst vor der Zukunft. Insgeheim denkt man: Vielleicht braucht man diesen Mantel noch einmal. Vor allem die ältere Generation denkt noch an die Notzeiten. So werden im Keller unzählige Konserven gehortet, Jacken, die schon zehn Jahre alt sind, mottengeschützt im hintersten Winkel des Kleiderschranks aufbewahrt. Zeitungen aus den Sechzigerjahren werden fein säuberlich auf dem Dachboden gestapelt und alte Fahrräder, die niemand mehr benutzt, blockieren die Garage. Wer so denkt, hat Angst vor der Zukunft. Schaffen Sie Raum für eine erfolgreiche Zukunft.

▸ Wenn es Sie reut, die guten Sachen einfach auf den Müll zu werfen, dann geben Sie sie in die Altkleidersammlung, versteigern Sie Ihre Gegenstände im Internet oder spenden Sie Ihre Bücher oder Möbel einem Sozialkaufhaus.

▸ Bei Ihrer Entrümpelungsaktion sollten Sie viele Pausen machen, denn Entrümpeln ist überaus anstrengend und arbeitsintensiv. Belohnen Sie sich, wenn Sie einen Raum oder einen Schrank durchforstet haben, indem Sie etwas tun, was Ihnen Freude bereitet oder Ihnen neue Kraft gibt.

▸ Vermeiden Sie es, zusätzliche Schränke oder Regale anzuschaffen. Diese führen meist dazu, dass sich dort schneller Dinge ansammeln, als Sie meinen. Jeder neue Schrank zieht magisch Gegenstände an, sodass er bald voll ist und Sie sich einen weiteren Schrank wünschen. Je weniger Schränke und Regale Sie haben, desto geringer ist die Gefahr, dass sich dort zusätzlicher Ballast ansammelt.

▸ Kultivieren Sie ein Leben in Schlichtheit. Sie müssen nicht so weit gehen wie der berühmte Mathematiker Archimedes, dem man den lateinischen Ausspruch zuschreibt: „Omnia mecum porto" („Ich trage alles bei mir."). Aber Sie sollten das einfache, unkomplizierte Leben genießen. Wo werden Sie sich wohler fühlen: In einem Büro, das viel Raum lässt und in dem Sie sich ungehindert bewegen können, oder in einer archivähnlichen Abstellkammer, in der sich Berge von Aktenordnern auftürmen und Sie sich kaum mehr zu Ihrem Schreibtisch durchkämpfen können?

▸ Legen Sie jedes Vierteljahr einen solchen Aufräumtag ein. Nutzen Sie den Erlös, den Sie durch Ihre Internetauktion oder auf dem örtlichen Flohmarkt beim Verkauf Ihrer Gegenstände erzielt haben, um eine Wochenendreise als Belohnung zu machen.

▸ Sorgen Sie auch auf Ihrem Schreibtisch und in Ihrem Büro für Ordnung. Werfen Sie alle Papiere weg, die Sie nicht mehr benötigen. Entscheiden Sie stets sofort, ob Sie das Dokument archivieren oder wegwerfen wollen.

Räumen Sie Ihren Schreibtisch vor Feierabend auf, so-dass er am nächsten Morgen übersichtlich und geordnet ist.

Ihr Leben zu vereinfachen, ist mehr als nur eine Methode, es ist eine Lebensphilosophie, die Ihnen hilft, das Wichtige zu erkennen und Ihr Leben in vollen Zügen zu genießen. Wenn Sie Ihr Leben vereinfachen, schaffen Sie Freiraum für die Dinge, die Ihnen wichtig sind und die Ihnen helfen, glücklich zu werden. Ein erfolgreiches Selbstmanagement besteht nicht darin, ehrgeizigen Zielen hinterherzuhasten, sondern diese Ziele gleichsam mit Ruhe und mit der Kon-zentration auf das Wesentliche zu erreichen.

---

**Auf den Punkt gebracht**

Vereinfachen Sie Ihr Leben, indem Sie das Wesentliche begreifen und in den Vordergrund stellen. Trennen Sie sich von dem unnötigen Ballast, der Ihr Leben er-schwert.

---

# Die Visualisierung

Das Wichtigste ist, dass Sie sich die Verwirklichung Ihrer Ziele vorstellen können. Um Ihre Erfolgschancen zu verbes-sern, gibt es eine Übung:

### *Übung: Die Collage*

*Fertigen Sie eine große und anschauliche Collage über Ihr ideales Leben an, die alle einzelnen Aspekte abbildet. Su-chen Sie nach Bildern und Fotos, die zu Ihnen passen. Das*

> *können Personen, Orte oder Aktivitäten sein, die Ihr Wunschleben widerspiegeln und veranschaulichen. Suchen Sie Bilder von Orten, an denen Sie gerne leben möchten. Ihre Collage sollte so groß wie ein Poster sein, das Sie in einem Zimmer aufhängen können. Auf diese Weise haben Sie jeden Tag Ihren Wunschtraum vor Augen.*

## Die Chancen sehen

Möglicherweise sind Sie noch immer skeptisch und glauben nicht, dass Sie Ihre Ziele erreichen können. Sie sagen sich, es sei schwierig oder unmöglich, Ihre Vorhaben umzusetzen. Falls Sie immer noch an sich zweifeln, sollten Sie folgende Übung machen.

> *Übung: Was ich tun könnte …*
>
> *Die meisten Menschen argumentieren, dass sie ihren Arbeitsplatz nicht aufgeben können, da sie Geld verdienen müssen, oder dass sie zu alt oder zu schwach seien, sportliche Höchstleistungen zu erbringen oder einen neuen Lebensweg einzuschlagen. Überlegen Sie einmal, was Sie wirklich sofort tun könnten.*

Sie könnten beispielsweise:

▸ Ihren Job kündigen – niemand kann Sie daran hindern

▸ an einen anderen Ort ziehen

▸ einen anderen Beruf erlernen

▸ eine neue Sportart erlernen

▸ einen Flug nach Australien buchen

Die meisten Menschen wissen, dass sie für jede Entscheidung einen Preis zahlen müssen. Dieser Preis kann darin bestehen, sich anzustrengen, Risiken einzugehen, etwas Neues zu erlernen oder weniger Zeit zu haben. Doch Sie zahlen in jedem Fall einen Preis: Auch wenn Sie keine Entscheidung fällen oder zaudern.

### Übung: Zehn Veränderungen

*Um Ihre Bereitschaft, Änderungen vorzunehmen, zu erhöhen, sollten Sie zehn Veränderungen in Ihrem Alltag vornehmen. Diese Änderungen müssen nichts Weltbewegendes sein – sie sollen Sie lediglich ermutigen und Ihnen zeigen, dass bereits eine kleine Handlung der erste Impuls für mehr Veränderungen sein kann. Was würden Sie gerne tun?*

▸ *Einen neuen Blumentopf für Ihr Wohnzimmer kaufen?*

▸ *Eine Reise an den Bodensee machen?*

▸ *Eine Party besuchen?*

▸ *Sich ein Haustier zulegen?*

*Schreiben Sie die zehn Veränderungen auf und legen Sie los.*

## Tun Sie so, als ob!

Sie kennen sicher Sportler, die in ihrem Training eine Strecke geistig Revue passieren lassen. Viele Rennfahrer vollziehen mental die Rennstrecke nach und legen sämtliche Geraden und Kurven im Geiste zurück. Was Sie mental beherrschen, können Sie auch in der Wirklichkeit leichter umsetzen. Ein wichtiger Erfolgstipp ist, dass Sie so tun sollten, als ob Sie Ihr Ziel schon erreicht hätten. Versuchen Sie spielerisch, sich in eine solche Situation zu versetzen und zu empfinden, was Sie in dieser Lage fühlen würden.

# Die Verinnerlichung von Zielen

Sie erreichen Ihre Wunschträume leichter, wenn Sie selbst von Ihren Erfolgschancen überzeugt sind. Deshalb sollten Sie Ihre Lebensziele tief in Ihrem Unterbewusstsein verankern, damit diese Ziele stets präsent sind und Sie anspornen. Die einfachste Möglichkeit, dies zu tun, besteht darin, den Inhalt der Ziele ständig zu wiederholen. Ein solches Mentaltraining führen auch erfolgreiche Spitzensportler durch.

## Übung: Ihr persönliches Mantra

*Ein Traum wird in Ihrem Unterbewussten am stärksten wirksam, wenn Sie ihn permanent wiederholen wie eine Gebetsformel oder ein Mantra. Wenn Sie beispielsweise ein exzellenter Schachspieler werden wollen, wiederholen Sie unentwegt einen einprägsamen Satz wie „Ich bin ein herausragender Schachspieler". Diesen Satz sollten Sie in Ihrem Geist mindestens hundertmal pro Tag aufsagen.*

*Nutzen Sie dazu auch Wartezeiten, wenn Sie im Supermarkt in der Schlange stehen, beim Autofahren oder in Pausen, die Sie mit diesem Mantra ausfüllen können. Auch wenn Ihnen das albern und töricht vorkommen mag, kann es Ihnen helfen, Ihr Selbstvertrauen zu stärken.*

*Ein Satz, den Sie Tausende Male wiederholt haben, wird allmählich zum festen Glauben und schließlich zur Gewissheit. Der Satz sollte einfach, klar und gut einzuprägen sein.*

> *Sie können ihn mit einer Melodie verknüpfen und ihn so in Ihrem Innern immer wieder erklingen lassen.*

## Selbstvertrauen gewinnen

Für jeden Erfolg ist es wichtig, unerschütterliches Selbstvertrauen zu haben. Die meisten Menschen scheuen sich, selbst ein kalkulierbares Risiko einzugehen, weil sie dadurch ihre Komfortzone, die Bequemlichkeit ihres Alltags hinter sich lassen müssen. Aber bedenken Sie, welche verhängnisvollen Folgen es haben kann, wenn Sie das Risiko nicht eingehen und so weiterleben wie bisher.

▸ Möchten Sie wirklich Ihre jetzige berufliche Position bis zur Rente beibehalten?

▸ Sind Sie glücklich dort, wo Sie jetzt leben?

▸ Ist Ihre Beziehung erfüllend?

▸ Haben Sie genügend Geld, um zufrieden leben zu können?

▸ Haben sich Ihre Träume erfüllt?

Wenn Sie diese Fragen verneinen, sollten Sie sich auf den Weg machen. Was kann Ihnen schon passieren? Die meisten Menschen malen sich riesige Gefahren aus, wahre Ungetüme, die ihre Existenz ruinieren könnten. Doch diese Gefahren erweisen sich in den seltensten Fällen als real; viel gefährlicher ist es, nichts zu unternehmen, die Dinge schleifen zu lassen und abzuwarten.

Wer weiß, was Sie erreicht hätten, wenn Sie Ihren Arbeitsplatz gewechselt, das Studium begonnen oder die Weltreise angetreten hätten? Wenn Sie nun zaudern, werden Sie es nie erfahren.

## Übung: Ihre größten Erfolgserlebnisse

*Sie haben in Ihrem Leben schon viel mehr erreicht und mehr Erfolge verbuchen können, als Sie glauben. Damit Ihnen das bewusst wird, machen Sie am besten eine lange Liste Ihrer größten Erfolgserlebnisse. Zählen Sie alles auf, was Ihnen spontan einfällt.*

*Dazu können beispielsweise gehören: Ihre bestandene Führerscheinprüfung, Ihr Schulabschluss, Ihre erste Autofahrt alleine, Ihre erste Liebesbeziehung, Ihr erster Urlaub, Ihr erster Arbeitstag, Ihre Gehaltserhöhung, Ihre Hochzeit, die Geburt Ihres Kindes, eine Auszeichnung, der Kauf Ihres Hauses usw. Überlegen Sie, was Sie noch in die Liste aufnehmen können.*

Diese wunderbaren Augenblicke in Ihrem Leben sind Kraftspender, die Sie beflügeln.

## Übung: Finden Sie Ihren Glücksort

*Sie können Ihr Selbstvertrauen und Ihren Mut noch stärken und verbessern, wenn Sie Ihren Glücksort aufsuchen. Jeder Mensch hat einen Ort oder Platz, an dem er sich besonders wohlfühlt und der ihm Zuversicht und Selbstvertrauen gibt. Dieser Ort soll Sie inspirieren, Ihnen Glück und Erfolg vermitteln.*

*Überlegen Sie nun, an welchem Ort Sie sich besonders behaglich und glücklich fühlen. Welches Ambiente löst in Ihnen ein großes Gefühl der Geborgenheit aus? Für manche Menschen ist es eine Waldlichtung oder die Bank unter* dem Apfelbaum im eigenen Garten. Andere wiederum fühlen sich am Palmenstrand am behaglichsten oder ziehen die kontemplative Ruhe einer Kirche oder Kathedrale vor; andere lassen sich durch Berggipfel und einsame Feldwege inspirieren, während wieder andere sich vom belebten Großstadtgetümmel angezogen fühlen.

Wo Ihr Ort auch immer sein mag, gehen Sie hin und tanken Sie Mut, Zuversicht und Selbstvertrauen. Gehen Sie in Gedanken Ihre Lebensziele durch und sagen Sie Ihr Mantra auf.

## Übung: Tun Sie etwas Ungewöhnliches

Diese Übung hat den Sinn, Ihr Selbstvertrauen zu vergrößern. Wenn man nämlich etwas Ungewöhnliches tut oder von der bisherigen Routine abweicht, beweist man sehr viel Mut. Springen Sie über Ihren Schatten und tun Sie etwas, das Sie schon lange machen wollten, aber wozu Sie nie den Mut hatten.

Es muss nichts Furchterregendes sein; es genügt, wenn Sie etwas Abwechslung und Farbe in Ihren Alltag bringen. Gehen Sie in ein Museum oder pflücken Sie ein paar Erdbeeren. Wenn Sie Tiere mögen, suchen Sie das örtliche Tierheim auf und gehen mit einem Hund ein paar Stunden spazieren. Machen Sie Inlineskating oder steigen Sie auf einen Berg. Gehen Sie zu einer Singleparty und nehmen Sie eine Verabredung wahr.

Ganz gleich, was Sie tun: Es sollte in Ihnen Vorfreude auslösen und zugleich mit einem gewissen Kribbeln verbunden sein. Sie müssen das Gefühl haben, dass Sie etwas tun, das Sie sich sonst nie vornehmen würden. Ihre Intuition wird Ihnen sagen, was das Richtige für Sie ist.

## Die eigenen Stärken erkennen

Im nächsten Schritt sollten Sie Ihre Stärken erkunden. In der Schule oder im Arbeitsleben haben viele Menschen gelernt, dass sie Schwächen haben. Fast täglich werden Menschen zurechtgewiesen, getadelt oder korrigiert. Und viele teilen die Auffassung, es sei wichtig, Schwächen und Defizite zu überwinden.

Doch dieser Ansatz ist wenig sinnvoll. Seien Sie ehrlich: Eine Schwäche können Sie auch bei intensiver Übung nur mit großer Mühe überwinden. Sie werden nie so gut und perfekt sein wie jemand, der auf diesem Gebiet Spitzenleistungen erbringt. Wenn Ihnen Fremdsprachen ein Gräuel sind, werden Sie auch durch intensives Vokabellernen nicht gerade ein gewandter Dolmetscher werden.

Die einzige Ausnahme ist: Sie sind auf einem Gebiet ein Ass, aber niemand hat dies erkannt und Ihre Fähigkeiten sind dadurch verschüttet worden. Dann werden Sie, wenn Sie sich zum ersten Mal mit diesem Bereich, in dem Sie eine Berufung haben, befassen, eine gewisse Faszination verspüren, die Sie weiter anspornt.

In vielen Fällen aber sind Schwächen meist echte Defizite, die Sie – wenn überhaupt – nur durch lange Übung ausgleichen können. Eine solche Strategie ist aber häufig nicht empfehlenswert. Sie werden nur dann überragende Erfolge verbuchen können, wenn Sie sich auf Ihre Stärken konzentrieren.

> ### Übung: Ihre Stärken
>
> *Schreiben Sie mindestens 15 oder besser 20 Stärken auf, die Sie haben. Zählen Sie alles auf, was Ihnen spontan einfällt. Vielleicht können Sie besonders gut erzählen, Auto fahren, Ski laufen, Texte schreiben, Menschen trösten. Ganz gleich, was es ist, notieren Sie es. Dann markieren Sie Ihre drei wichtigsten Stärken mit einem Sternchen.*
>
> *Entwickeln Sie ein Trainingsprogramm für Ihre wichtigsten Stärken und integrieren Sie dies in Ihre Tages-, Wochen- und Monatspläne. Je besser Sie Ihre Stärken ausbauen, desto größer wird auch Ihr Erfolg sein.*

Jetzt kennen Sie Ihre Stärken. Doch das ist nicht genug. Finden Sie heraus, was Sie einzigartig macht. Was ist es, was Sie von den sechs Milliarden Menschen auf diesem Planeten unterscheidet? Denken Sie daran: Jeder Mensch ist einmalig, denn niemand hat dieselben Fähigkeiten, Merkmale, Charaktereigenschaften und Lebenserfahrungen wie Sie.

> ### Übung: Was macht Sie einzigartig?
>
> *Schreiben Sie auf, was Sie auszeichnet. Nennen Sie fünf Dinge, die Sie zu einem einzigartigen Menschen machen. Welche zehn Eigenschaften mögen Sie besonders an sich? Was möchten Sie niemals an sich ändern?*

Besinnen Sie sich auf Ihre Stärken und nutzen Sie sie, um Ihre Ziele besser zu erreichen.

# Networking

Für jedes große Lebensziel benötigen Sie Menschen, die Sie unterstützen oder Ihnen Zuspruch geben. Ohne ein weitläufiges Netzwerk sind große Karrieren oft nur schwer zu verwirklichen oder gar unmöglich. Häufig verhält es sich so, dass ein steiler sozialer Aufstieg oft auf Netzwerken beruht. Viele Menschen haben Vorbehalte gegen Beziehungen und sprechen eher abfällig von „Seilschaften" und einer „Kamarilla" oder einer „verschworenen Gemeinschaft". Solche Vorbehalte sind verständlich, und das oft propagierte Networking löst bei einigen eher Unbehagen aus.

Doch Sie sollten solche Netzwerke aus einem anderen Blickwinkel sehen: In der Tat hat das plumpe Aufbauen von Seilschaften mehr negative Aspekte, denn Menschen spüren sehr schnell, ob eine Beziehung nur oberflächlich und zweckorientiert ist. Niemand lässt sich gerne für die Interessen anderer instrumentalisieren. Ein Beziehungsnetzwerk, das nur Macht- und Karriereinteressen dient, wird keinen großen Erfolg hervorbringen.

Viel interessanter hingegen ist es, Menschen kennenzulernen, die ähnliche Interessen oder Pläne verfolgen wie Sie oder das gleiche Hobby pflegen. Nehmen wir an, Sie sammeln Briefmarken mit Vogelmotiven. Vielleicht gibt es irgendwo Menschen, die dies ebenfalls tun und die Sie gerne kennenlernen würden? Vielleicht möchten Sie ein Unternehmen gründen, das die Solartechnik perfektionieren will? Wäre es nicht spannend, jemanden zu finden, der bei Ihnen als Geschäftspartner mit einsteigt?

> ### *Übung: Lernen Sie Menschen kennen*
>
> *Versuchen Sie jede Woche, fünf neue Kontakte zu knüpfen. Menschen, die für Sie wichtig sein können, finden Sie an Ihrem Arbeitsplatz, in Ihrer Freizeit und anderswo.*
>
> *Besuchen Sie Tagungen und Kongresse, gehen Sie zu öffentlichen Veranstaltungen und Vorträgen; belegen Sie einen Kurs an einer Volkshochschule oder schließen Sie sich einem Verein oder Verband an.*
>
> *Es gibt Hunderte von Möglichkeiten. Am Anfang werden Sie noch eine gewisse Unsicherheit verspüren; doch je länger Sie dieses Networking betreiben, desto selbstsicherer werden Sie.*

Anders als in früheren Zeiten ist es heute sehr einfach geworden, Menschen selbst mit den exotischsten Interessen und Hobbys zu finden; denn dank des Internets können Sie Brieftaubenzüchter in Argentinien ebenso aufspüren wie Personen, die sich für das Bierbrauen in China interessieren. Eine Seilschaft, die Ihnen bei Ihrer Karriere hilft, können Sie leicht gründen, wenn Sie im Internet einer Community beitreten oder ein eigenes Karrierenetzwerk gründen.

Zum Teil gibt es auch spezialisierte Foren, die Ihnen den Einstieg erleichtern und Sie sofort mit den entsprechenden Personen bekannt machen. Hierzu gehören Netzwerke wie *xing*, *MySpace*, *lokalisten* oder *studiVZ*, die Ihnen eine große Vielfalt an spezifischen Kontakten eröffnen.

Für ein Spezialthema recherchieren Sie per Suchmaschine nach Menschen, die ähnliche Lebensziele, Hobbys und Interessen haben wie Sie.

## Übung: Spenden Sie Lob

*Viele Menschen werden täglich kritisiert. Tadel und Ermahnungen halten viele für ein geeignetes Mittel, um vermeintliche Fehler zu beheben. Doch in Wirklichkeit führen Strafe und Tadel nur zu mehr Widerwillen und Ablehnung.*

*Wenn Sie Menschen für sich gewinnen wollen, sollten Sie anfangen, sie zu loben. Versuchen Sie, das Gute und das Vorteilhafte zu sehen, und sparen Sie nicht an Lob und freundlichen Worten.*

*Schreiben Sie den Menschen, die Ihnen wichtig sind, eine E-Mail, wenn diese eine Beförderung erhalten haben. Gratulieren Sie ihnen zu allen freudigen Ereignissen in ihrem Leben. Auch wenn Sie die Person nicht persönlich kennen, können Sie ihr ein paar nette Zeilen schreiben. Das Glück und die Freude, die Sie dadurch weitergeben, kommen Ihnen selbst zugute.*

Menschen mit ähnlichen Lebenszielen und Interessen sind wichtig für Sie; denn sie helfen Ihnen, Ihren Lebensplan umzusetzen und Ihre Ziele konsequent zu verfolgen. Sie bekommen den nötigen Rückhalt und die erforderliche Unterstützung. Im Grunde unterstützen Sie sich gegenseitig und nutzen so die oft erwähnten Synergieeffekte, die durch das Zusammenwirken vieler Menschen entstehen.

Aber auch auf andere Weise können Sie Menschen finden, die Sie in Ihrem Erfolgsstreben bestärken. Beispielsweise eignen sich dazu besonders Sportarten. Auch wenn die Leute dort nicht Ihr spezielles Hobby vertreten und andere Ziele haben, werden Sie von deren Weltsicht und dem Netzwerk, das dabei entsteht, in jeder Hinsicht profitieren. Scheuen Sie sich also nicht, einem Sportverein beizutreten, sich für einen Kurs an der Volkshochschule einzutragen, sich für eine Menschenrechtsorganisation zu engagieren oder sich für den Umweltschutz einzusetzen. Überall werden Sie Vereine finden, wo Sie viele unterschiedliche Menschen treffen.

> Seien Sie aber auf der Hut: Wenn Sie den Eindruck haben, dass Sie nur aus Pflichtgefühl eine Veranstaltung besuchen, dann lassen Sie es!

Sie brauchen ein Netzwerk, das Sie beflügelt, ermuntert und inspiriert, eines, das Ihnen Kraft und Zuversicht gibt. Am vorteilhaftesten ist die Kombination aus einem allgemeinen Netzwerk, das Sie über die verschiedensten Vereine, Organisationen, Verbände und Parteien aufbauen können, und ein spezifisches Netzwerk, das genau auf Ihre Lebensziele, Interessen und Hobbys ausgerichtet ist, selbst wenn dieses Netzwerk nur aus einem Manager in Buenos Aires und einer Hausfrau in Chicago besteht. Ein Netzwerk ist dazu da, Ihnen zu helfen, Ihnen ein Gefühl der Verbundenheit und der Zusammengehörigkeit zu vermitteln.

> Von Netzwerken, die Sie nur als Last empfinden, sollten Sie sich trennen.

Gemeinsam mit anderen Menschen können Sie alles erreichen. Ohne andere ist es viel schwieriger oder fast unmöglich. Verbünden Sie sich aber nur mit Personen, die Ihnen ein gutes Gefühl vermitteln. Verzichten Sie darauf, auf Verbandstagungen langatmige Referate zu halten, nur um ein gewisses Prestige zu gewinnen, wenn Sie sich mit dem Thema nicht wirklich identifizieren können. Tun Sie nur das, was Sie persönlich für richtig halten. Je mehr Sie an Authentizität gewinnen, desto schneller werden Sie die Menschen finden, die Sie immer gesucht haben.

Sie haben nun verschiedene Erfolgsstrategien kennengelernt, die Ihnen helfen, Ihr Leben so einzurichten, dass es Ihnen leichtfällt, Ihre Ziele selbstbewusst, im Vertrauen auf die eigenen Fähigkeiten und mithilfe eines stabilen Netzwerks zu verfolgen. Damit Sie Ihren Lebensplan möglichst zügig und erfolgreich in die Tat umsetzen können, benötigen Sie ein gut organisiertes Zeitmanagement, das Ihnen hilft, Ihre Ziele angemessen und in einem realistischen Zeitrahmen zu verwirklichen.

---

### Auf den Punkt gebracht

Nutzen Sie Erfolgsstrategien, um Ihre Ziele schneller, einfacher und besser zu erreichen. Ihre Stärken zu erkunden, kann Ihnen ebenso helfen, wie Beziehungen zu knüpfen.

# Das Zeitmanagement

Das Zeitmanagement soll Ihnen helfen, die Ziele, die Sie sich gesetzt haben, besser und schneller umzusetzen.

▸ Zeitmanagement sorgt dafür, dass Sie sich auf das Wesentliche konzentrieren und Ihre Aufgaben bündeln.

▸ Es vermittelt Ihnen die erforderliche Selbstdisziplin, die Sie zur Erledigung langfristiger Aufgaben benötigen.

▸ Mithilfe der Zeitplanung können Sie Ihren Tagesablauf transparenter, effizienter und effektiver gestalten und die Selbstkontrolle erhöhen.

Das Zeitmanagement trägt entscheidend dazu bei, dass Sie erfolgreicher werden und Ihre Leistungsfähigkeit verbessert wird und dass Sie Ihre Lebensziele schneller erreichen. Im Zeitmanagement gibt es eine Reihe von Methoden und Ansätzen, die Sie im Folgenden ausführlicher kennenlernen.

Eines der wichtigsten Verfahren beim Zeitmanagement ist, Prioritäten zu setzen, d. h. Aufgaben in eine sinnvolle Rangfolge zu bringen. Dabei werden wesentliche Aufgaben von unwesentlichen unterschieden; unnötige Arbeit oder Zeitverluste sollen durch die geschickte Auswahl der wichtigen Aufgaben vermieden werden.

Es geht darum, die richtigen Dinge zu tun (Effektivität) und die Dinge richtig zu tun (Effizienz).

# Das Eisenhower-Prinzip

*Wir sind nur dadurch erfolgreich, dass wir uns im Leben
oder im Krieg oder wo auch immer ein einzelnes
beherrschendes Ziel setzen, und diesem Ziel
alle anderen Überlegungen unterordnen.*

*(Dwight D. Eisenhower)*

Kennen Sie den Unterschied zwischen „wichtig" und
„dringend"?

Aufgaben, die wichtig sind, führen dazu, dass Sie Ihr
Ziel schneller und unmittelbar erreichen. Sie erhöhen
Ihren Zielerreichungsgrad. Aufgaben, die dringend
sind, tragen nichts zu Ihrem Ziel bei, sind aber mit einem Termin versehen, den Sie in vielen Fällen kaum
verschieben können.

Wenn Sie sich zu sehr mit dringenden Aufgaben befassen,
verlieren Sie langfristig Ihre Lebensziele aus den Augen.
Wenn Sie sich nur wichtigen Angelegenheiten widmen,
kommen Sie Ihren Zielen näher und sind erfolgreicher,
handeln sich aber möglicherweise Ärger ein, da Sie Routineaufgaben, die als dringend eingestuft werden, vernachlässigen.

*Übung: Kreuzen Sie bitte die richtige Antwort an*

*1. Sie möchten einen Lebensplan erstellen, haben aber
noch nicht angefangen.*

☐ *wichtig*    ☐ *dringend*

2. Auf Ihrem Schreibtisch liegen noch mehrere Anfragen, die Sie beantworten sollen.

☐ wichtig    ☐ dringend

3. Sie wollen am New-York-Marathon teilnehmen und müssen noch ein paar Informationen im Internet suchen.

☐ wichtig    ☐ dringend

4. Sie müssen noch eine Steuererklärung für das letzte Jahr abgeben.

☐ wichtig    ☐ dringend

5. Ihr Auto muss zu einer Inspektion.

☐ wichtig    ☐ dringend

Lösung: Frage 1: wichtig, Frage 2: dringend, Frage 3: wichtig, Frage 4: dringend, Frage 5: dringend

| Wichtigkeit | Dringlichkeit |
|---|---|
| (Lebens-)Ziele, Lebensplan, Erfolg | Termine |
| Effektivität | Effizienz |
| langfristig | kurzfristig |
| Vision, Träume, große Ziele | Tagesziele, Zwischenziele |
| autonom (selbstgesteuert) | heteronom (fremdgesteuert) |

Im Alltag sollten Sie sich vor allem auf die Dinge konzentrieren, die als wichtig eingestuft sind, um schneller Ihre Ziele zu erreichen und einen größeren Erfolg zu erringen. Das Eisenhower-Prinzip, das nach dem amerikanischen Präsidenten Dwight D. Eisenhower benannt ist, kombiniert die beiden Aspekte der Wichtigkeit und der Dringlichkeit und gelangt so zu vier verschiedenen Prioritätsstufen:

| Aspekt | dringend | nicht dringend |
|--------|----------|----------------|
| wichtig | **A-Priorität:** Aufgaben sofort selbst erledigen | **B-Priorität:** Aufgaben einplanen, möglichst selbst erledigen |
| unwichtig | **C-Priorität:** Aufgaben auf später verschieben oder an andere delegieren | **D-Priorität:** Aufgaben streichen |

Auf Eisenhower geht der Ausspruch zurück: „Dringende Angelegenheiten sind selten wichtig, und wichtige Angelegenheiten sind selten dringend."

Ordnen Sie alle Ihre Aufgaben in eine Prioritätsklasse ein und bestimmten Sie dafür ein Symbol (z. B. Kreis, Dreieck, Quadrat, Stern), das Sie in Ihrem Terminkalender hinter den Aufgaben eintragen. In einem Organizer können Sie auch die Aufgaben je nach Priorität in unterschiedlichen Farben markieren.

 Beachten Sie stets, dass wichtige Aufgaben Vorrang vor dringenden Angelegenheiten haben.

Wenn Sie sich zu sehr um Dringendes kümmern, verlieren Sie Ihre großen Lebensziele aus dem Blickfeld und verzetteln sich in Nebensächlichkeiten. Machen Sie A-Aufgaben immer zuerst und arbeiten Sie alle Aufgaben mit A-Priorität, die also wichtig und dringend sind und auf Ihrer Tagesliste (To-do-Liste) stehen, konsequent ab. Wenn Sie das Pensum nicht bewältigen, übertragen Sie die noch zu erledigenden A-Aufgaben auf den nächsten Tag und wenden Sie sich erst dann den B-Aufgaben zu.

| Aspekt | dringend | nicht dringend |
|---|---|---|
| wichtig | **A-Priorität:**<br>▸ schwere Krisen<br>▸ Lebensziele | **B-Priorität:**<br>▸ Vorbereitung von Plänen<br>▸ Umsetzung einzelner Lebensziele<br>▸ Erholung, Urlaub |
| unwichtig | **C-Priorität:**<br>▸ Post, manchmal E-Mails<br>▸ Besprechungen<br>▸ Termine | **D-Priorität:**<br>▸ nebensächliche Routinetätigkeiten |

---

**Auf den Punkt gebracht**

Das Eisenhower-Prinzip hilft Ihnen, wichtige Aufgaben von dringenden zu unterscheiden und damit effektiver zu arbeiten.

## Delegieren Sie!

Aufgaben, die nur C- oder D-Priorität haben, sollten Sie – wenn möglich – an andere delegieren. Insbesondere Führungskräfte verbauen sich viele Karrierechancen, wenn sie sich um jede Kleinigkeit selbst kümmern.

Häufig verbergen sich hinter der Abneigung, Aufgaben an andere zu übertragen, gewisse Vorbehalte. Vielleicht denken Sie insgeheim, dass Sie die Aufgaben besser und schneller lösen können. Sie haben möglicherweise Angst, die Kontrolle zu verlieren, dass Ihnen Konkurrenz entsteht oder dass die Aufgabe nicht richtig erledigt wird. Dennoch sollten Sie das Prinzip des Delegierens nutzen. Wenn Sie alles selbst machen, dann können Sie sich nicht auf Ihre Kernkompetenzen konzentrieren und Ihre wichtigen Aufgaben gründlich bearbeiten. Der Hang zum Perfektionismus und der Drang, alles selbst zu machen, führen letztlich zur Überforderung. Ihre Leistung wird dadurch auch in jenen Bereichen schlechter, in denen Sie Spitzenleistungen erbringen könnten.

Folgende Aufgaben können Sie problemlos delegieren:

▸ einfache und überschaubare Routinetätigkeiten

▸ kleinere, nebensächliche Aufgaben

▸ komplexe und klar umrissene Aufgaben, die nur von Experten gelöst werden können

Wählen Sie dafür den richtigen und geeigneten Mitarbeiter aus, dessen Fachwissen ausreicht, um die Aufgaben zu bewältigen. Darüber hinaus sollten Sie von der Zuverlässigkeit und der Verantwortungsbereitschaft des Mitarbeiters überzeugt sein. Die Aufgabenstellung sollte eindeutig und nachvollziehbar formuliert sein. Der Mitarbeiter muss über alle Mittel und Ressourcen verfügen können, die zur Erledigung der Aufgaben erforderlich sind. Durch Zwischenziele können Sie die jeweiligen Ergebnisse kontrollieren und überprüfen. Nach der Bearbeitung sollten Sie dem Mitarbeiter auf jeden Fall ein Feedback geben oder ihn loben, wenn Sie mit der erledigten Aufgabe zufrieden sind.

---

**Auf den Punkt gebracht**

Überprüfen Sie, welche Aufgaben Sie delegieren können. Suchen Sie sich einen geeigneten Mitarbeiter, an den Sie die Aufgabe übertragen können und versorgen Sie ihn mit allem, was er zur Erledigung benötigt.

---

## Das Pareto-Prinzip

*Es ist nicht wenig Zeit, was wir haben,*
*sondern es ist viel, was wir nicht nutzen. (Seneca)*

Auf den italienischen Soziologen und Wirtschaftswissenschaftler Vilfredo Pareto (1848–1923) geht das Pareto-Prinzip zurück. Er erkannte, dass in Italien 20 Prozent der Familien über 80 Prozent des gesamten Vermögens besitzen. Eine solche Verteilung lässt sich auch in vielen anderen Ländern beobachten.

Eine Vielzahl von Phänomenen im Alltag kann man auf eine 80-zu-20-Verteilung zurückführen:

▸ Beispielsweise sorgen 20 Prozent aller Kunden für 80 Prozent der Umsätze.

▸ Zwei von zehn Verkäufern sind für 80 Prozent der Umsätze verantwortlich.

▸ 80 Prozent aller Ergebnisse kommen durch 20 Prozent der Bemühungen zustande.

▸ Auch in 20 Prozent der Zeit, die eine Besprechung dauert, kommen 80 Prozent der Beschlüsse zustande.

Das Pareto-Prinzip können Sie fast überall ausmachen; für
das Zeitmanagement ist es von entscheidender Bedeutung:
Sie können mit 20 Prozent Ihrer Anstrengungen 80 Prozent
der wichtigen Aufgaben erledigen. Je besser Sie dieses
Prinzip einsetzen, desto erfolgreicher werden Sie. Viele
Unternehmen versuchen beispielsweise, mit erheblichem
Aufwand Neukunden zu gewinnen. Häufig stellt sich dabei
heraus, dass diese Neukunden sehr schwierig und an-
spruchsvoll sind und etliche Probleme verursachen, da sie
an einem umfassenden und für die Firma zeitraubenden
Service interessiert sind. Dabei vernachlässigen viele Unternehmen ihre Stammkunden, die meist für 80 Prozent des
Umsatzes verantwortlich sind. Das ist ein fataler Fehler.

> Auch bei der Aufgaben- und Zeiteinteilung sollte das
> Pareto-Prinzip mit einbezogen werden: Erledigen Sie
> am besten die Aufgaben zuerst, mit denen Sie das
> beste Resultat erzielen.

Viele Menschen verfahren umgekehrt und widmen ihre
Zeit oft den Tätigkeiten, die am mühseligsten sind und
trotz eines enormen Aufwands nur ein klägliches Ergebnis
liefern. Oder sie verzetteln sich in Detailarbeit, die letztlich
nichts zum Erfolg des Projekts beiträgt.

### *Übung: Die Anwendung des Pareto-Prinzips*

*Identifizieren Sie die Tätigkeiten, die am leichtesten, schnells-
ten und sichersten zu den besten Ergebnissen führen. Bevor-*

> zugen Sie diese Aufgaben, wenn sie eine A- oder B-Priorität
> haben. Zügeln Sie dabei Ihren Perfektionismus und behalten
> Sie immer das Verhältnis von Ertrag und Aufwand im Blick!

---

**Auf den Punkt gebracht**

Das Pareto-Prinzip hilft Ihnen, Ihre Energie und Zeit richtig einzusetzen. Erledigen Sie das zuerst, was am meisten Erfolg verspricht und verzetteln Sie sich nicht bei
unwichtigen Details.

---

# Die ABC-Analyse

*Der Mensch besitzt nichts Edleres und*
*Kostbareres als die Zeit. (Ludwig van Beethoven)*

Die ABC-Analyse ist eine Systematisierung des Pareto-
Verfahrens durch Lothar J. Seiwert. Dabei werden Aufgaben und Tätigkeiten in A-, B- und C-Kategorien eingeteilt,
wobei Aufgaben und Aktivitäten mit der Klassifikation A
den Vorrang haben. Die ABC-Analyse ist ein Mittel, um
schneller und sicherer Entscheidungen darüber fällen zu
können, was wesentlich und was unwesentlich ist.

| ABC-Analyse | |
| --- | --- |
| A-Aufgaben | wichtig und dringend |
| B-Aufgaben | nicht so wichtig und dringend |
| C-Aufgaben | nicht wichtig und nicht dringend |

Natürlich können Sie Ihre Aufgaben und Tätigkeiten auch in mehr als drei Kategorien einstufen, um so unwichtige von besonders wichtigen Terminen zu trennen.

Die ABC-Analyse zeigt in der Praxis, dass nur ein geringer Anteil von Aufgaben wirklich wichtig ist. Meist handelt es sich dabei um 15 Prozent. Die B-Aufgaben haben einen Umfang von 20 Prozent, und die C-Aufgaben machen mit 65 Prozent den Löwenanteil aus.

▸ A-Aufgaben sollten unmittelbar und sofort von Ihnen persönlich erledigt werden. Achten Sie darauf, dass Sie nicht zu viele Aufgaben in die A-Kategorie einstufen; im Zweifelsfall sollten Sie noch einmal sorgfältig prüfen, ob eine Aufgabe tatsächlich diese Priorität besitzt.

▸ B-Aufgaben sollten Sie an andere delegieren oder später erledigen. Es handelt sich dabei häufig um Routineaufgaben, die man mit etwas Geschick vereinfachen oder automatisieren kann, um eine Effizienzsteigerung zu erzielen.

▸ Bei C-Aufgaben sollten Sie auf jeden Fall prüfen, ob man sie nicht gegebenenfalls streichen kann; wenn dies nicht möglich ist, sollten Sie diese Aufgaben beiläufig erledigen, wenn sich im Arbeitsablauf Lücken oder längere Pausen ergeben.

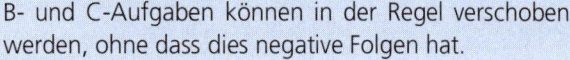

B- und C-Aufgaben können in der Regel verschoben werden, ohne dass dies negative Folgen hat.

**Auf den Punkt gebracht**

Die ABC-Analyse ist eine Variante des Eisenhower-Prinzips und unterstützt Sie dabei, Ihre Aufgaben richtig zu priorisieren.

## Effizienz und Effektivität

*Man sollte nie so viel zu tun haben,*
*dass man zum Nachdenken keine Zeit mehr hat.*
*(Georg Christoph Lichtenberg)*

In diesem Zusammenhang ist es wichtig, zwischen Effizienz und Effektivität zu unterscheiden. „Effizienz" bedeutet, die Dinge richtig zu tun, d. h. möglichst schnell, sorgfältig, umfassend und ergebnisorientiert. Wenn Sie Ihre Effizienz steigern wollen, müssen Sie genau planen, ähnliche Aufgaben zusammenfassen, Routinetätigkeiten identifizieren und Ihre Leistungskurve berücksichtigen. „Effektivität" bedeutet, die richtigen Dinge zu tun, d. h. jene Tätigkeiten in den Vordergrund zu stellen, mit deren Hilfe Sie Ihre Ziele erreichen.

Das Eisenhower-Prinzip hilft Ihnen, die Effektivität zu steigern, während das Pareto-Prinzip die Effizienz erhöht.

# Die ALPEN-Methode

*Verlorene Zeit wird nicht wiedergefunden.*
*(Benjamin Franklin)*

Die ALPEN-Methode ist ein umfassender Ansatz zur Tagesplanung, der Ihnen hilft, das vorgegebene Pensum sinnvoll zu bewältigen. Sie benötigen einen Tagesplan, um einen Überblick über alle Ihre Aktivitäten zu gewinnen und um sich auf das Wesentliche zu konzentrieren. Ihr Tagesplan sollte stets von einem Wochen- und einem Monatsplan abgeleitet werden.

Die ALPEN-Methode untergliedert sich in fünf Phasen, die Sie bei der Umsetzung einhalten sollten. Das Akronym „ALPEN" steht für folgende Aktivitäten:

| | |
|---|---|
| **A** | Alles aufschreiben |
| **L** | Länge einschätzen |
| **P** | Pufferzeiten einplanen |
| **E** | Entscheiden nach Priorität |
| **N** | Nachkontrolle |

Schreiben Sie alle Aktivitäten auf, die Sie für einen Tag einplanen. Dazu zählen auch einzelne Aufgaben, Termine, die für diesen Tag anberaumt wurden, und anderes. Vergessen Sie nicht, dass Ihre Aktivitäten wichtig sein und eine A- oder B-Priorität haben sollten. Führen Sie in Ihrem Tagesplan nicht nur berufliche Aktivitäten auf, sondern auch private Aufgaben.

Im zweiten Schritt schätzen Sie die Dauer der jeweiligen Aktivitäten ein. Wenn Sie eine To-do-Liste für den jeweiligen Tag anfertigen, dann schreiben Sie in Klammern die voraussichtliche Dauer der einzelnen Aufgabe oder Tätigkeit.

Im dritten Schritt planen Sie die Pufferzeit ein, denn es ist nicht möglich, einen Tag lückenlos mit Aufgaben zu füllen. Für die Tagesplanung hat sich die 60-zu-40-Regel bewährt. Sie sollten nur 60 Prozent des Arbeitstages verplanen und 40 Prozent für unvorhergesehene Verzögerungen oder unerwartete Störungen reservieren. Auch ein Arbeitstag besteht nur selten aus 100 Prozent Arbeitsleistung, denn in der Realität werden viele Dinge verrichtet, die mehr dazu dienen, Zeit zu vergeuden oder zusätzliche Pausen zu schaffen. Planen Sie also von Vornherein Pufferzeiten ein, auch wenn Sie für sich in Anspruch nehmen, sehr effizient zu arbeiten.

Im nächsten Schritt sollten Sie die Aktivitäten auf Ihrer Tagesliste nach dem Grad der Priorität ordnen. Wenn Sie Ihre Aufgaben nach dem Eisenhower-Prinzip kategorisieren, müssen Sie alle A- und B-Aktivitäten möglichst sofort oder noch am selben Tag ausführen; C-Aufgaben können Sie getrost delegieren, und D-Aktivitäten sollten Sie streichen.

Im letzten Schritt führen Sie eine Nachkontrolle durch, die sicherstellt, dass Sie alle Aufgaben Ihrer Tagesliste abgearbeitet haben. Sollten wider Erwarten Aufgaben übrig bleiben, müssen Sie diese bereits für den nächsten Tag vormerken.

Überprüfen Sie bei dieser Gelegenheit auch, ob Sie ausreichend Pufferzeiten eingeplant haben oder ob Ihr Tagesplan zu ambitioniert und überladen ist. Nichts ist frustrierender und entmutigender, als wenn Sie einzelne Aktivitäten immer wieder in den nächsten Tag mitschleppen müssen. Sollte dies bei Ihnen der Fall sein, analysieren Sie Ihre Aktivitäten darauf hin, ob sie Ihren Lebenszielen dienen und wirklich wichtig und effektiv sind. Verzetteln Sie sich nicht in belanglosen Nebensächlichkeiten. Denken Sie daran, dass Sie mit 20 Prozent Ihres Einsatzes 80 Prozent Ihrer Ziele erreichen können!

### Übung: Ihre To-do-Liste

*Fertigen Sie für den heutigen Tag eine To-do-Liste an, indem Sie eine Tabelle erstellen:*

▸ *In die erste Spalte schreiben Sie die jeweiligen Aktivitäten, bereits geordnet nach dem Grad der Priorität.*

▸ *In der zweiten Spalte notieren Sie die von Ihnen geschätzte voraussichtliche Dauer.*

▸ *In die dritte Spalte schreiben Sie den Beginn und das Ende der jeweiligen Aktivität. Dort planen Sie auch angemessene Pausen ein.*

▸ *In der vierten Spalte haken Sie ab, wenn Sie mit der Aufgabe fertig geworden sind; ansonsten notieren Sie sich den Zielerreichungsgrad, d. h. wenn Sie beispielsweise 70 Prozent der Aufgabe oder des Projekts erledigt haben, notieren Sie „70 Prozent" als Zielerreichungsgrad. Aufgaben, die Sie nicht zu hundert Prozent erledigt haben, müssen Sie in den nächsten Tagesplan übernehmen.*

▸ *Die fünfte Spalte Ihrer To-do-Liste enthält die jeweilige Kategorie, der die Aktivität zuzuordnen ist. Sie sollten*

> sich bei der Erstellung Ihres Kategoriensystems vorher die regelmäßig anfallenden Aufgaben ansehen und dann ein schlüssiges System entwickeln. Es orientiert sich an Ihren Lebensbereichen wie etwa „Beruf", „Hobby", „Networking", „Privates" und andere. Es ist nicht sinnvoll, eine Kategorie „Sonstiges" vorzusehen, da diese bald ausufert. Je logischer und umfassender Ihre Einteilung ist, desto besser können Sie die einzelnen Aktivitäten klassifizieren.

Sie müssen natürlich nicht jeden Tag einen solch umfangreichen Tagesplan erstellen; es genügt später, wenn Sie nur die einzelnen Aktivitäten auflisten. Ihr Zeitmanagementsystem ist kein Selbstzweck, sondern ein Hilfsmittel.

---

**Auf den Punkt gebracht**

Mithilfe der ALPEN-Methode gelingt es Ihnen spielend leicht, Ihren Tag mit einer To-do-Liste so zu strukturieren, dass Sie Ihre Aufgaben erfolgreich erledigen können.

---

# Die Salami-Taktik

*Zeitverschwendung ist die leichteste aller Verschwendungen. (Henry Ford)*

Viele Menschen schrecken vor großen Aufgaben zurück, da sie wie ein kaum zu bewältigender Berg erscheinen. Insbesondere bei langfristigen und vielschichtigen Projekten fällt es vielen schwer, sich zu motivieren und das Ganze überhaupt in Angriff zu nehmen. Es kommt zur gefürchteten „Aufschieberitis". Menschen, die häufig Ankündigungen machen oder detailliert planen, vergessen oder verdrängen auf diese Weise die Umsetzung in die Praxis.

Wenn Sie sich etwas vornehmen, sollten Sie innerhalb von 48 Stunden einen ersten Teilschritt unternehmen. Machen Sie nicht den Fehler, zu lange zu warten. Verbringen Sie nicht zu viel Zeit damit, einen Plan bis in alle Details auszufeilen, denn einen absolut perfekten Plan gibt es nicht. Immer werden sich Ihnen Hindernisse in den Weg stellen oder unvorhergesehene Ereignisse in das Geschehen eingreifen. Vielfach ist die Ausarbeitung eines perfekten Plans nur ein Vorwand, um nicht handeln zu müssen. Wenn Sie eine unüberwindliche Abneigung empfinden, sofort zu beginnen, sollten Sie sich selbst überlisten:

### Übung: Der 15-Minuten-Trick

*Überlegen Sie sich, welches der kleinste Schritt sein könnte, den Sie zur Umsetzung eines Projekts oder Ziels machen müssen. Wenn Sie nun sagen „Ich mache es morgen oder in einer Woche", dann wenden Sie folgenden Trick an, um diese Angst vor dem ersten Schritt zu überwinden. Legen Sie Ihre Armbanduhr gut sichtbar vor sich hin oder nehmen Sie eine Eier- oder Sanduhr, und dann legen Sie eine Zeitspanne von 15 Minuten fest. Sie beschließen, nur diese Viertelstunde an der Aufgabe zu arbeiten, und zwar sofort.*

*Nachdem Sie 15 Minuten mit dem Projekt beschäftigt waren, werden Sie meist von allein zügig weiterarbeiten. Wenn dies nicht der Fall sein sollte, brechen Sie sofort ab und arbeiten am nächsten Tag wieder eine Viertelstunde an Ihrer Aufgabe.*

Große Aufgaben können Sie nur bewältigen, wenn Sie diese in viele kleine Teilaufgaben unterteilen und mit Zwischenzielen versehen. Wenn Sie selbst den ersten kleinen Schritt nicht machen, werden Sie nirgendwo ankommen. Indem Sie riesige Projekte in kleine Teile untergliedern, machen Sie selbst exotische und vermeintlich unerreichbare und unerfüllbare Ziele realisierbar.

So wenden Sie die Salami-Taktik an:

▸ Zerlegen Sie alle großen Ziele, Aufgaben und Projekte in kleinste Schritte.

▸ Weisen Sie diesen kleinsten Schritten (Teil- und Zwischenzielen, Unteraufgaben) konkrete und realistische Termine zu.

▸ Ermitteln Sie die Prioritäten für die einzelnen Schritte.

▸ Führen Sie die Aufgaben aus und prüfen Sie, bis zu welchem Grad Sie die Zwischenschritte erreicht haben.

▸ Legen Sie fest, welche Schritte nun folgen sollen, damit Sie Ihre Ziele erreichen.

Falls der 15-Minuten-Trick bei Ihnen nicht zum Erfolg führt, kann Ihnen vielleicht eine andere Methode weiterhelfen:

### Übung: Die Selbstverpflichtung

*Im Alltag beobachten wir immer wieder, dass der Hang, wichtige Dinge aufzuschieben, schnell verschwindet, wenn man eine Verpflichtung eingegangen ist. Wenn Sie immer wieder eine Aufgabe verschieben, dann machen Sie diese Aufgabe öffentlich. Das heißt: Erzählen Sie Ihren Freunden und Bekannten davon, dass Sie diese Aufgabe bis zu einem bestimmten Termin erledigen möchten. Dadurch dass Sie dies öffentlich machen, erhöht sich auf Sie der Druck, die Aufgabe nicht länger hinauszuschieben, da Sie Gefahr laufen, sich lächerlich zu machen. Sie können die Selbstverpflichtung noch erhöhen, indem Sie Ihren Freunden oder Bekannten versprechen, ihren Rasen zu mähen oder die Fenster zu putzen, falls Sie den Termin erneut verschieben sollten.*

## Auf den Punkt gebracht

Mit der Salami-Taktik können Sie sich selbst überlisten, wenn Ihnen eine Aufgabe zu groß, zu komplex oder zu mühselig erscheint.

# Zeitmanagement in der Praxis

Im Folgenden werden wir uns systematisch mit dem Zeitmanagement in der Praxis beschäftigen. Dazu müssen wir die Ziele Ihres Lebensplans herunterbrechen und auf einzelne Ebenen beziehen. Diese Ebenen sind Ihr Jahres-, Monats-, Wochen- und Tagesplan.

## Die Zeit nutzen

Doch vorher sollten Sie Ihre Zeitplanung analysieren: Haben Sie sich schon einmal gefragt, was Sie eigentlich den ganzen Tag machen? Wie viel Leerlauf gibt es bei Ihnen? Mit welchen Aktivitäten verbringen Sie die meiste Zeit?

### Übung: Wie füllen Sie Ihren Tag aus?

*Schreiben Sie einen Tag lang auf, was Sie tun. Nehmen Sie einen durchschnittlichen Tag, also nicht gerade das Wochenende, und notieren Sie sich zu den einzelnen Aktivitäten die ungefähren Uhrzeiten. Schreiben Sie auch triviale Dinge auf, also wenn Sie etwa eine Raucherpause einlegen oder Kaffee trinken gehen. Den fröhlichen Plausch mit Ihrem Nachbarn halten Sie ebenso fest wie das Auftanken Ihres Autos. Schreiben Sie hin, wie lange Sie ferngesehen, Zeitung gelesen oder gefrühstückt haben.*

Bei der Auswertung werden Sie erstaunt sein, wie viel Zeit durch Leerlauf, Pausen und viele Nebensächlichkeiten vergeht. Niemand arbeitet mit einer Leistung von hundert Prozent am Tag. Tagungen, Besprechungen, Telefonate, E-Mails lesen, essen gehen, Small Talk und anderes nehmen einen Großteil des Tages ein. Vermutlich könnte man die Produktivität um ein Vielfaches steigern, wenn ein Teil dieser Reibungsverluste beseitigt werden könnten. Doch in der Realität brauchen wir auch Abwechslung und größere Pausen. Small Talk, E-Mail-Austausch und so manches Telefonat sind außerdem für die Beziehungspflege oder für den Aufbau eines Netzwerks dringend notwendig.

Sie können Ihre Effektivität und Ihre Effizienz aber deutlich steigern, wenn Sie sich auf Ihre Ziele konzentrieren und die unwichtigeren Aufgaben mit einer niedrigeren Priorität später bearbeiten, delegieren oder völlig streichen. Ohne die Konzentration auf Ihre Kernkompetenzen und Ihre Lebensziele werden Sie sich früher oder später verzetteln.

Entfernen Sie verhängnisvolle „Zeiträuber" aus Ihrem Leben. Besonders fatal sind Fernsehen und Surfen im Internet. Die meisten Menschen verbringen drei bis vier Stunden täglich vor dem Fernseher. Überlegen Sie sich, was Sie in dieser Zeit alles unternehmen können. Sie könnten Sport treiben, ein Fachbuch lesen, neue Kontakte knüpfen und vieles andere mehr.

Ihre Zeit ist kostbar – tun Sie die Dinge, die Ihnen etwas bedeuten und die Ihnen Erfolg und Glück bringen. Nehmen Sie sich für die Zukunft vor, die wichtigen Dinge zuerst zu machen.

Nutzen Sie Ihre Pausen für eine sinnvolle Beschäftigung.

Wenn Sie schon frühmorgens im Stau stehen, dann verwenden Sie diese Zeit, um etwas zu lernen. Es gibt etliche

Hörbücher, die sich mit Managementtechniken befassen und die Sie morgens im Auto anhören können. Oder wählen Sie einen Sprachkurs und lernen Sie nebenbei ein paar Vokabeln und ein bisschen Grammatik. Nehmen Sie immer ein kleines Taschenbuch oder eine Fachzeitschrift mit und lesen Sie diese, während Sie beim Arzt, bei einer Behörde oder anderswo warten müssen. Wenn Sie im Auto länger im Stau stehen, können Sie auch einfache Fitnessübungen machen, indem Sie einzelne Muskelpartien anspannen und wieder lockern oder mit den Füßen wippen.

## Das SMART-Prinzip

Wenn Sie nun Ihre Ziele für die Jahres-, Monats-, Wochen- und Tagespläne formulieren, sollten Sie das SMART-Prinzip beachten. Ziele müssen, damit sie auch Erfolg versprechend sind, einige Kriterien erfüllen:

| | |
|---|---|
| **S** | wie spezifisch |
| **M** | wie messbar |
| **A** | wie aktionsorientiert |
| **R** | wie realistisch |
| **T** | wie terminiert |

Ziele sollten so konkret und nachvollziehbar formuliert sein wie möglich. Denken Sie daran, dass sich Ziele nur dann umsetzen lassen, wenn Sie genau wissen, was Sie wollen. Wenn Sie ein Haus kaufen wollen, dann beschreiben Sie Ihr Traumhaus. Wenn Sie ein Kleidungsstück suchen, dann gehen Sie auf Stoffart, Größe, Farbe, Schnitt und andere Merkmale ein. Je genauer Sie ein Ziel beschreiben, desto leichter lässt es sich realisieren. Wenn Sie nicht wissen, was Sie suchen, werden Sie auch nicht das Passende finden. Diese Regel gilt für alle Ihre Ziele – gleichviel, ob Sie einen neuen Job, eine Immobilie, ein Auto, einen Traumpartner, einen Urlaubsort oder etwas anderes suchen. Nur durch eine exakte Beschreibung geben Sie Ihrem Unterbewusstsein die Chance, nach Ihrem Ziel Ausschau zu halten.

Formulieren Sie Ihr Ziel messbar, d. h. wenn Sie das Ziel erreicht haben, ist es wichtig, dass Sie diesen Erfolg auch wahrnehmen können. Wenn es eines Ihrer Ziele ist abzunehmen, dann ist dieses Ziel nicht konkret genug. Wollen Sie 5 oder 20 Kilo abspecken? Versuchen Sie, jedes Ziel präzise erfassbar zu machen. Wenn Sie gerne jeden Tag etwas Spanisch lernen möchten, dann notieren Sie, dass Sie jeden Abend 15 Minuten spanische Vokabeln büffeln. Nur durch genaue Zahlen kann man bei vielen Zielen überprüfen, ob das Ziel vollständig, teilweise oder gar nicht erreicht wurde. Überlegen Sie bei „weichen" Zielen, die sich nicht in Zahlen messen lassen, woran Sie erkennen, dass Sie das Ziel erreicht haben.

Ziele, die Sie sich setzen, sollten sich auf eine Handlung beziehen, die Sie auch ausführen können. Wenn Sie sich zum Ziel setzen, ein glücklicher Mensch zu werden, so ist dies weder überprüfbar noch als konkrete Handlung realisierbar. Was bedeutet es für Sie, ein glücklicher Mensch zu werden? Möchten Sie ein großes Haus, eine glückliche Ehe, zufriedene Kinder, mehr Urlaub oder mehr Aufstiegschancen? Versuchen Sie, Ihre Ziele so zu formulieren, dass sie in eine Handlung münden. Sie brauchen etwas, das Sie tun können. Wenn Sie einen abstrakten Wert oder Zustand anstreben, müssen Sie Indikatoren finden, Dinge, an denen

Sie ablesen können, ob Sie auf dem richtigen Weg sind. Ziele sollten realistisch sein, damit Sie nicht zu schnell entmutigt und enttäuscht werden. Seien Sie aber nicht zu zurückhaltend:

> Setzen Sie sich nicht zu bescheidene Ziele. Ihre Ziele sollen Sie anspornen und anfeuern; sie sollen Ihren ganzen Ehrgeiz und Ihr gesamtes Potenzial herausfordern!

Wenn Sie zu bescheiden sind, haben Sie nie die Gelegenheit zu erproben, was in Ihnen steckt. Natürlich können Sie mit 70 Jahren nicht mehr den Weltrekord im 100-Meter-Lauf aufstellen, und es wird Ihnen sicherlich kaum gelingen, Bundesliga-Fußballspieler zu werden. Aber abgesehen von sportlichen Höchstleistungen, die tatsächlich häufig an das Alter gebunden sind, gibt es viele Gebiete, auf denen Sie Herausragendes leisten können. Haben Sie Mut, etwas Neues zu beginnen, kreativ zu sein und die Dinge zu verwirklichen, von denen Sie immer geträumt haben.

### Später Ruhm

*Immanuel Kant, einer der genialsten Philosophen der Geschichte, war der Sohn eines Handwerkers und kam nie aus Königsberg heraus. Seine wichtigsten Werke schrieb er erst mit über 60 Jahren. Heute gehört er unbestritten zu den Großen der Philosophiegeschichte.*

*Auch Theodor Fontane, einer der bedeutendsten Schriftsteller des 19. Jahrhunderts, schrieb seine wichtigsten Werke erst in recht fortgeschrittenem Alter. Als „Effi Briest" erschien, war er bereits 75 Jahre alt.*

Finden Sie Ihre Talente heraus und machen Sie sich auf den Weg. Die Forderung, Ihre Ziele realistisch zu formulieren, bedeutet nicht, dass Sie auf Ihre Träume verzichten sollen. Im Gegenteil: Seien Sie kühn und nehmen Sie Ihre Träume ernst. Leben Sie Ihren Traum, indem Sie ihn Schritt für Schritt verwirklichen.

---

**Auf den Punkt gebracht**

Formulieren Sie Ihre Ziele so, dass sie Sie anspornen, die beste Leistung zu erbringen und Ihre Talente und Begabungen vollständig zu entfalten.

---

# Die Jahresplanung

Aus Ihrem Lebensplan sollten Sie verschiedene Jahresziele ableiten, die wiederum in Unterziele wie Monats-, Wochen- und Tagesziele münden.

Ihre Jahresplanung sollte sämtliche Bereiche Ihres Lebens mit einbeziehen, also auch private Angelegenheiten, Hobbys, Interessen, Beziehungen, Urlaub, Finanzen und andere Aspekte.

*Übung: Jahresziele am Silvesterabend formulieren*

*Erstellen Sie am Silvesterabend – kurz bevor Sie mit Ihren Angehörigen, Freunden und Bekannten den Jahresausklang feiern – eine Liste Ihrer Jahresziele. Was müssen Sie im kommenden Jahr tun, um Ihren Lebensplan umzusetzen?*

Betrachten Sie dazu Ihren ausführlichen Lebensplan und leiten Sie die Jahresziele davon ab. Ordnen Sie die Lebensziele nach den folgenden Grundkategorien:

▶ Arbeit

▶ Finanzen

▶ Hobbys, Interessen

▶ Familie und Beziehungen

▶ Körper, Sport und Gesundheit

▶ Kultur und Lernen

Prüfen Sie noch einmal, ob Sie Ihre Lebensziele auch im Jahresplan berücksichtigt haben. Ihr Jahresplan sollte klar und überschaubar sein. Sie sollten darauf achten, dass Sie nicht zu viele, aber auch nicht zu wenige Ziele mit einbezogen haben.

---

**Auf den Punkt gebracht**

Ihr Jahresplan sollte alle Ziele enthalten, die Sie in einem Kalenderjahr verwirklichen wollen. Achten Sie darauf, dass alle Lebensbereiche enthalten sind.

---

## Der Monats- und der Wochenplan

Machen Sie für die nächsten drei Monate jeweils einen Monatsplan. Die darin enthaltenen Ziele haben Sie von Ihrem Jahresplan abgeleitet; Sie müssen dazu die Jahresziele weiter differenzieren und auffächern.

Dann folgt die Erstellung des Wochenplans. Dabei sollten Sie besonders gründlich und sorgfältig verfahren. Machen Sie Ihren Wochenplan möglichst bereits am Wochenende oder zumindest am Montagmorgen.

Sie beginnen mit den Aufgaben, die wichtig sind, d. h. die sich unmittelbar auf Ihre Lebensziele beziehen. Diese Aufgaben haben meist eine A- oder B-Priorität. Beachten Sie in diesem Zusammenhang auch, dass Sie Pufferzeiten berücksichtigen und nur 60 Prozent der verfügbaren Zeit verplanen. Wenn mit den A- oder B-Aufgaben nur 30 Prozent Ihres gesamten Zeitbudgets aufgebraucht sind, können Sie den Rest bis zur Grenze von 60 Prozent mit C- und D-Aufgaben auffüllen. D-Aufgaben sollten Sie allerdings – wenn möglich – komplett streichen.

Bei der Erstellung der Wochenplanung sollten Sie zwischen einmaligen und Routineaufgaben unterscheiden. Routineaufgaben können Sie in Ihrem elektronischen Kalender als Wiederholungsaufgaben markieren, sodass sie automatisch in regelmäßigen Abständen erscheinen. Eine andere Methode besteht darin, diese Aufgaben in Checklisten zu erfassen. Dieses Verfahren hat den entscheidenden Vorteil, dass Ihr Kalender damit nicht überfrachtet wird, Sie leichter die Übersicht bewahren und sich auf die anderen Aufgaben konzentrieren können. Der Nachteil ist jedoch, dass Sie zwei Systeme für die Zeitplanung führen.

Eine Checkliste umfasst alle Aufgaben, die in regelmäßigen Intervallen – täglich, wöchentlich, monatlich oder jährlich – wiederkehren.

> ### Übung: Was sind Ihre Routineaufgaben?
>
> *Filtern Sie Ihre Routineaufgaben heraus. Was müssen Sie täglich regelmäßig machen? Gibt es Aufgaben, die wöchentlich oder monatlich auftreten? Vergessen Sie auch nicht, Aufgaben zu notieren, die anderen Sektoren angehören. Gehen Sie dienstags und freitags immer zum Volleyball? Nehmen Sie einmal im Monat an einer Sitzung eines Verbandes teil?*
>
> *Erfassen Sie die wichtigsten Routineaufgaben. Sie können diese zwar leicht in Ihren Kalender einfügen, zweckmäßiger ist es aber, Checklisten anzulegen.*

Checklisten können Sie auch einsetzen, um größere Projekte zu planen und alle Aspekte mit einzubeziehen. Wenn Sie beispielsweise eine größere Dienstreise planen, können Sie so feststellen, ob Sie alles, was Sie zur Vorbereitung benötigen, erledigt haben.

Wenn Sie mit Checklisten arbeiten, sollten Sie Folgendes beachten:

▸ Ihre Checklisten sollten übersichtlich, transparent und gut gegliedert sein.

▸ Nutzen Sie Checklisten, um größere Projekte besser zu organisieren oder Routinetätigkeiten zu erfassen.

▸ Erstellen Sie größere Checklisten, wenn Sie neue Projekte beginnen. Informieren Sie sich, ob es bereits spezielle Checklisten für Ihren Bereich gibt.

> **Auf den Punkt gebracht**
>
> Mit Ihrem Monats- und Wochenplan konkretisieren Sie Ihre Jahresziele und zerlegen Sie in kleinere Schritte. Denken Sie dabei auch an Ihre Routineaktivitäten. Checklisten können hier sehr hilfreich sein.

# Die Tagesplanung

Nachdem Sie eine so systematische Vorarbeit geleistet haben, dürfte es Ihnen nicht schwerfallen, einen Tagesplan zu erstellen. Allerdings sollten Sie dabei besondere Sorgfalt walten lassen, denn einen Tagesplan zu erstellen, erfordert eine präzise und umsichtige Vorgehensweise.

Tagespläne können Sie in Ihrem elektronischen Kalender oder in Zeitplanbüchern festhalten. Besonders gut eignen sich aber To-do-Listen, die einzelne Aufgaben enthalten und nach Priorität geordnet sind. Der häufigste Fehler, der bei Tagesplänen vorkommt, besteht darin, dass das Zeitbudget falsch bemessen wird und der Plan so überfrachtet ist, dass immer mehr Aufgaben auf den nächsten Tag verschoben werden müssen.

Häufige Fehler bei der Tagesplanung sind:

▸ Die Aufgaben werden nicht nach Priorität geordnet.

▸ Sie schätzen das Zeitbudget falsch ein und verplanen mehr als 60 Prozent Ihrer Zeit.

▸ Sie wollen perfekt sein.

▸ Sie haben zu viele Wartezeiten, sodass Sie nicht effizient arbeiten können.

▸ Sie nehmen zu viele Aufgaben in Ihren Plan auf, die nur C- oder D-Priorität haben und delegieren sie nicht.

▸ Sie vermeiden es, unwichtige Aufgaben zu streichen.

▸ Sie haben ein unzulängliches Ablagesystem und über-häufen Ihren Schreibtisch mit nicht geordneten Papieren.

Ihr Tagesplan sollte möglichst optimal ausgearbeitet sein, damit Sie Höchstleistungen erbringen können. Erstellen Sie für jeden Tag einen eigenen Tagesplan oder eine To-do-Liste, die Sie bereits am Vorabend anfertigen.

Notieren Sie A- und B-Aufgaben zuerst, und berücksichtigen Sie auch Routineaufgaben, die Sie auf Checklisten festhalten können.

## Probleme bei der Tagesplanung

Besonders problematisch sind Unterbrechungen. Denn wenn Sie einmal den roten Faden verloren haben, ist es nicht so einfach, sich wieder in die Aufgabenstellung zu vertiefen und die Tätigkeit fortzusetzen. Im Arbeitsalltag sind jedoch Unterbrechungen häufig. Natürlich benötigen Sie aber auch regelmäßig Pausen, die Sie einplanen sollten.

Unwillkommene Unterbrechungen sollten Sie von Vornherein verhindern:

▸ Wenn Sie im Büro arbeiten und komplexe Projekte organisieren müssen, sollten Sie festgelegte Sprechzeiten einführen, damit Sie nicht in Ihrer produktiven Phase unterbrochen werden.

▸ Wenn Sie zu Hause arbeiten, sollten Sie Ihren Angehörigen deutlich machen, dass Sie jetzt arbeiten und nicht gestört werden möchten. Schließen Sie am besten die Tür zu Ihrem Arbeitszimmer. Vor allem Selbstständige tun sich schwer, den Arbeits- vom Privatbereich zu trennen. Dies erfordert ein hohes Maß an Selbstdisziplin. Legen Sie Zeiten fest, in denen Sie arbeiten, und halten Sie diese ein.

▸ Als Führungskraft sollten Sie alle Aufgaben mit C- und D-Priorität delegieren. Übertragen Sie Ihren Mitarbeitern größere Projekte und greifen Sie nur ein, wenn der Mitarbeiter Sie darum bittet oder Sie den Eindruck haben, dass er überfordert ist oder eine zusätzliche Hilfestellung benötigt – das nennt man „Management by Exception".

**Auf den Punkt gebracht**

Sorgen Sie dafür, dass Sie konzentriert arbeiten können, und delegieren Sie so viel wie möglich.

## *Meetings besser organisieren*

In vielen Lebensbereichen und Unternehmen sind Meetings zu einem Selbstzweck erstarrt und dienen mehr der Pflege der Unternehmenskultur als dem Erreichen von Zielen. Häufig sind sie Foren zur Selbstdarstellung von Mitarbeitern.

Meetings blockieren oft die produktive Arbeit in Unternehmen, daher sollte man bei ihrer Organisation streng das Pareto-Prinzip beachten. Da in 20 Prozent der anberaumten Zeit 80 Prozent der Entscheidungen gefällt werden, sollte man Meetings auf das Wesentliche reduzieren. Folgende Vorgehensweisen sind hilfreich:

▸ Erstellen Sie für jede Besprechung eine knappe, schriftliche Tagesordnung. In dieser Agenda halten Sie alle wichtigen Tagesordnungspunkte fest. Vermeiden Sie am Ende einen Punkt „Sonstiges".

▸ Notieren Sie die Ziele (Entscheidungen), die Sie sich für das Meeting setzen, und haken Sie sie ab, wenn sie erreicht wurden.

▸ Bestehen Sie darauf, dass sich alle Mitarbeiter gründlich auf die Besprechung vorbereiten, d. h. die Unterlagen sollten bereits vorher ausgegeben und ausführlich studiert worden sein; die Vorgabe muss sein, dass sich jeder Teilnehmer mit den anstehenden Themen befasst hat.

▸ Schreiben Sie für jedes Meeting eine Anfangs- und eine Endzeit auf. Halten Sie diese Zeitvorgaben exakt ein und gestehen Sie sich und den anderen allenfalls eine Überschreitung von fünf Minuten zu.

▸ In manchen Ländern hat man im Zuge des Bürokratieabbaus beschlossen, dass für jedes neue Gesetz, das verabschiedet wird, zwei alte Gesetze oder Vorschriften gestrichen werden. Machen Sie es ähnlich mit Ihrem Zeitbudget: Wenn die für das Meeting vorgesehene Zeit um zehn Minuten überschritten wird, dann kürzen Sie die nächste Besprechung um zehn Minuten.

▸ Protokolle sind oft Staubfänger, die bald in einer Schublade oder in einem Aktenordner landen. Führen Sie anstelle von Verlaufs- nur Ergebnisprotokolle. Eine besonders effiziente Methode ist es, die Protokolle in Zielvereinbarungen umzuwandeln. Lassen Sie das jeweilige Protokoll von den Teilnehmern unterschreiben und schreiben Sie bei der nächsten Besprechung den Zielerreichungsgrad hinter das Ziel.

▸ Noch besser ist es, wenn Sie Protokolle gleich im Meeting auf einem Laptop anfertigen und per E-Mail versenden, sodass keine Papierberge entstehen. Sie können auch das gerade entstehende Protokoll mit den verbindlichen Zielen und Entscheidungen mithilfe eines Beamers an die Wand werfen, sodass alle Beteiligten sofort ihre Einwände vorbringen können. Nichts ist überflüssiger als Aktenordner mit jahrzehntealten Protokollen.

▸ Sorgen Sie dafür, dass nur kurze Präsentationen gehalten werden, die sich auf das Wesentliche konzentrieren. Ausufernde Multimedia-Präsentationen, die mehr der Selbstdarstellung dienen, haben keinen Platz in effizient organisierten Meetings.

▸ Stellen Sie Regeln für die Kommunikation auf, indem Sie Redezeitbegrenzungen und Abstimmungsregeln einführen.

▸ Da die meisten Meetings ohnehin eher Zeremonien sind, die mehr der Repräsentation dienen, sollten Sie konsequent sein und mindestens 30 Prozent aller Besprechungen streichen.

Meetings sind ein nützliches Instrument, um die Arbeit besser zu organisieren und Unternehmensziele zu erreichen. Aber achten Sie darauf, dass Ihre Besprechungen nicht zu „Zeiträubern" und zu einer Arena für Machtspiele werden und Sie darüber Ihre Arbeit, Ihre Lebensziele oder die Kunden vernachlässigen.

---

**Auf den Punkt gebracht**

Führen Sie nur so viele Meetings durch wie unbedingt nötig. Bereiten Sie Ihre Besprechungen so vor, dass im vorgegebenen Zeitrahmen alle wichtigen Entscheidungen getroffen werden können. Erstellen Sie ein knappes Ergebnisprotokoll oder – noch besser – halten Sie Zielvereinbarungen fest.

---

## Das Dokumentenmanagement

„Von der Wiege bis zur Bahre – Formulare, Formulare", heißt ein altbekannter Spruch. Längst haben auch Privathaushalte mit der Papierflut zu kämpfen, und je mehr Unterlagen zu bearbeiten sind, desto mehr leidet unsere Produktivität darunter. Manche Schreibtische versinken förmlich im Chaos, und das Sortieren und Bearbeiten der vielen Vordrucke, Dokumente und Briefe nimmt immer mehr Zeit in Anspruch, sodass die eigentlich wichtigen Aufgaben vernachlässigt werden.

Für jeden ist daher ein systematisches Ablagesystem unabdingbar. Je besser Sie Ihr Dokumentenmanagement planen, desto mehr Zeit haben Sie für die Aufgaben, die wirklich wichtig sind.

Aufgeräumte Schreibtische und Büros signalisieren auch Kunden und Mitarbeitern, dass effizient und gut organi-

siert gearbeitet wird. Nichts ist erschreckender als Schreibtische, auf denen Akten, Unterlagen, Briefe und Papiere
eine Hügellandschaft bilden. Wenn Sie Ihre Dokumente
besser ordnen wollen, sollten Sie einige Grundregeln be-
herzigen:

▸ Erstellen Sie ein systematisches und umfassendes Ablagesystem, das Ihrer täglichen Arbeit gerecht wird und
  alle Kategorien mit einbezieht. Auf keinen Fall sollten
  Sie einen Ordner mit der Aufschrift „Sonstiges" versehen. Solche Aktenordner werden schnell zu einem
  Sammelplatz für allerlei Informationen. Das Neuordnen
  und Aussortieren kann viel Zeit beanspruchen. Seien Sie
  konsequent: „Sonstige" Unterlagen oder Dokumente
  gibt es nicht.

▸ Entscheiden Sie sofort, auch wenn es schwerfällt: Jeden
  Brief, jede Unterlage, jedes Formular, jede Notiz sollten
  Sie nur ein einziges Mal in die Hand nehmen müssen.
  Entscheiden Sie augenblicklich, in welchen Ordner oder
  in welches Fach Sie das Papier einordnen. Schaffen Sie
  keine neuen Stapel, die Sie erst später noch einmal
  durchsehen. Alles, was im Posteingang liegt, ordnen Sie
  sofort und schnell ein.

▸ Werfen Sie lieber zu viel als zu wenig weg. Natürlich gilt
  dies nicht für Unterlagen, die Sie aufgrund von Vorschriften und Gesetzen zwingend aufbewahren müssen.
  Wenn Sie das Meiste aufbewahren, wird sich Ihr Büro
  früher oder später in ein Archiv verwandeln, und Sie
  werden zwischen Aktenordnern und Ablagen sitzen.
  Seien Sie deshalb genau: Brauchen Sie diese Broschüre
  oder diesen Katalog wirklich? Ist dieser Zeitungsaus-

schnitt auch in zwei Monaten noch relevant? Sollten Sie diese Werbung aufbewahren? Fragen Sie sich eindringlich: Ist dieses Dokument wirklich wichtig?

▸ Befördern Sie Papiere, die Sie nicht brauchen, sofort in Ihre „Rundablage" (den Papierkorb) oder schreddern Sie Dokumente mit persönlichen Daten, die Sie nicht mehr benötigen.

▸ Machen Sie in Ihrem Archiv an einem Tag einen „Frühjahrsputz", d. h. gehen Sie einen Tag lang die Aktenordner und sonstigen Archive durch und werfen Sie alles weg, was Sie nicht mehr benötigen oder aufbewahren müssen.

▸ Wenn Sie viele Dokumente haben, können Sie wie große Unternehmen ein elektronisches Archivierungssystem nutzen, bei dem Sie Papiere einscannen und dann speichern. Durch die Volltextsuche können Sie einzelne Dokumente schneller finden.

▸ Reichen Sie Dokumente, die keine A-Priorität haben, an Mitarbeiter weiter.

▸ Auf Ihrem Schreibtisch sollten auf einem kleinen Stapel nur Dokumente liegen, die höchste Priorität haben und die noch am selben Tag bearbeitet werden können. Falls Sie mit den Aufgaben nicht fertig werden, legen Sie diese Dokumente für den nächsten Tag in eine Wiedervorlagemappe.

In vielen Fällen werden Sie trotz guter Vorsätze zu wenig aussortieren. Denken Sie daran, dass zu viele Papiere Sie belasten. Je mehr Ihre Stapel und Ihre Aktenordner anschwellen, desto unwohler werden Sie sich fühlen. Ein

Schreibtisch, auf dem wild verstreut Papiere liegen, führt bereits bei Arbeitsbeginn zu Frustration und Arbeitsunlust – denn Dokumente sortieren und Formulare suchen zu müssen, ist ermüdend und demotivierend.

Wenn Sie einen Ordner nicht mindestens einmal im Monat geöffnet haben, sollten Sie sich fragen, ob Sie die Unterlagen wirklich benötigen. Dasselbe gilt auch für Ihren PC: Durchforsten Sie in regelmäßigen Abständen Ihre Dateien, und legen Sie ein logisches und durchdachtes System von Ordnern an, sodass Sie jede Datei sofort richtig einordnen. Auch Ihre E-Mails können Sie schon beim Abruf vom Programm automatisch durch definierte Kriterien in einem Ordner speichern lassen. So werden Anfragen von Herrn Müller anhand des Namens oder der E-Mail-Adresse erkannt und in einen Ordner mit der Aufschrift „Müller" oder „Kundenanfragen" befördert. Durch diese Vorauswahl ist es für Sie wesentlich leichter, die wichtigen E-Mails zuerst zu lesen.

Dasselbe gilt für Zeitungen und Zeitschriften, die in Unternehmen, aber auch in Privathaushalten häufig eine Menge Raum einnehmen. Vielfach werden Magazine oder Zeitungen lange Zeit aufbewahrt, um später noch einzelne Artikel oder Berichte herauszuschneiden und zu archivieren. Doch besonders bei Zeitungen wächst die Papierflut sehr schnell an. Sie sollten daher folgendermaßen vorgehen:

▸ Wenn Sie einzelne Artikel oder Beiträge informativ und bedeutsam finden, schneiden Sie diese sofort aus. Legen Sie die Zeitung nicht erst auf einen Stapel, sondern greifen Sie sofort zur Schere. Es dauert viel länger, den Beitrag erneut zu suchen. Fragen Sie sich aber, ob der Artikel auch in sechs Monaten oder in einem Jahr noch von

Bedeutung ist. Artikel mit wichtigen Inhalten, Tipps oder Adressen, die Sie sofort benötigen, sollten Sie in Ihren Tagesplan oder in Ihre To-do-Liste aufnehmen und abarbeiten.

▸ Wenn Sie gerade Zeitungen oder Zeitschriften erhalten haben, reservieren Sie in Ihrem Tagesplan eine genau bemessene Zeit für die Lektüre. Denken Sie daran, dass das Blättern in Zeitschriften dazu verführt, noch länger zu lesen, sodass Sie Zeit vergeuden und Ihren Tagesplan nicht erledigen können. Wenn das Zeitbudget aufgebraucht ist, sollten Sie sich sofort wieder Ihren Aufgaben widmen.

▸ Überlegen Sie, welche Zeitschriften, Fachpublikationen oder Zeitungen überflüssig sind. Denken Sie an die hohen Papierstapel und das Geld, das Sie in solche Abonnements investieren.

▸ Bevor Sie ein Sachbuch oder eine Fachzeitschrift lesen, sollten Sie das Inhaltsverzeichnis überfliegen und sich über die einzelnen Themen orientieren. Benutzen Sie beim Lesen einen Marker, mit dem Sie einzelne Textpassagen oder Schlüsselbegriffe hervorheben können. Bei einem Buch sollten Sie am Ende immer einen kurz gefassten Auszug (ein Exzerpt) erstellen, der die wichtigsten Punkte und Inhalte in ein paar Zeilen zusammenfasst. Nur auf diese Weise können Sie sich den Inhalt langfristig einprägen und sich zunutze machen.

**Auf den Punkt gebracht**

Ein gutes Dokumentenmanagement unterstützt Sie wirksam bei der effizienten Arbeitsorganisation und hilft Ihnen, Ihre Ziele schneller zu erreichen und Ihre Aufgaben optimal zu erledigen.

## Telefonate und E-Mails

In manchen Sekretariaten gehen Telefonanrufe im Minutentakt ein, und gerade bei wichtigen Arbeiten erweist sich ein Telefonat oft als störende Unterbrechung.

▶ Sie können sich das Telefonieren wesentlich erleichtern, wenn Sie moderne Systeme nutzen: Durch die Rufnummernübermittlung ist es möglich, den Anrufer sofort zu identifizieren.

▶ Sogenannte CRM-Systeme (Customer Relationship Management) können bereits beim Eingang des Anrufs eine Datenbank mit verschiedenen Einträgen aufrufen und Ihnen beispielsweise mitteilen, welche Produkte der Kunde bereits bestellt hat und welche er möglicherweise noch benötigt.

▶ Großkunden werden häufig zu speziellen Mitarbeitern umgeleitet, die sich ausschließlich mit dem Key Account Management befassen.

Im Alltag sollten Sie darauf achten, dass Telefonate Ihren Arbeitsablauf nicht zu sehr beeinträchtigen. Wenn Sie selbst Anrufe tätigen müssen, dann nehmen Sie diese, sofern sie eine hohe Priorität haben, in Ihren Tagesplan auf.

Viele Mitarbeiter im Betrieb verschieben Telefonate oft, da sie die Kundenakquisition als unangenehm empfinden. In solchen Fällen sollten Sie sich dadurch an das Telefonieren gewöhnen, dass Sie zuerst ein paar weniger wichtige Kunden anrufen, bei denen der Vertragsabschluss keine so große Bedeutung hat.

Was Sie beim Telefonieren beachten sollten:

▸ Machen Sie bei einer Akquise den Sprung ins kalte Wasser. Viele Menschen finden es beklemmend, einen Kunden anzurufen. Telefonieren Sie einfach. Zögern Sie nicht länger; denn je länger Sie warten, desto mehr werden Sie die Aufgaben auf den späten Nachmittag verschieben, und die Unzufriedenheit oder die Unruhe werden wachsen.

▸ Wenn Sie jemanden anrufen, dann machen Sie sich vorher Notizen, die die wichtigsten Punkte des Gesprächs auflisten. Haken Sie jeden Punkt ab, wenn Sie ihn angesprochen haben, und notieren Sie sich die Ergebnisse. Werten Sie solche Gesprächsnotizen nach dem Ende des Telefonats aus, d. h. wenn Sie einen Termin erhalten haben, tragen Sie ihn sofort in Ihren Kalender ein. Sammeln Sie auf keinen Fall unerledigte Gesprächsnotizen auf Ihrem Schreibtisch.

▸ Unterlagen, die Sie für das Telefonat benötigen, sollten Sie schon vorher auf Ihren Schreibtisch legen und bereithalten.

▸ Vermeiden Sie Small Talk am Telefon und kommen Sie möglichst zügig zur Sache. Fragen Sie Ihren Gesprächspartner vorher, ob er einen Augenblick Zeit hat. Wenn dies nicht der Fall ist, bieten Sie an, zu einem anderen Zeitpunkt nochmals anzurufen.

▸ Wenn sich ein Anrufbeantworter meldet, sollten Sie Ihren Namen nennen und Ihr Anliegen kurz und prägnant schildern. Geben Sie am Ende Ihre Telefonnummer an – das erspart dem Angerufenen, sie erst heraussuchen zu müssen. Sagen Sie die Nummer langsam und deutlich am besten zweimal.

▸ Halten Sie die versprochenen Rückrufe auf jeden Fall auf Ihrer To-do-Liste fest und führen Sie diese gewissenhaft aus, denn Kunden warten oft auf den Rückruf und sind verärgert, wenn dieser zu spät oder gar nicht erfolgt.

▸ Prüfen Sie, ob Sie unternehmensinterne Anrufe nicht eher durch eine E-Mail ersetzen sollten. Häufig können Sie dadurch technische Details oder Termine viel besser übermitteln, da bei einem Telefonat Daten gelegentlich falsch aufgeschrieben oder vergessen werden.

E-Mails haben aber auch Nachteile, denn inzwischen sind sie fast zu einer Plage geworden. In manchen Postfächern landen täglich mehrere Hundert Nachrichten, die es zu sortieren gilt.

Besonders ärgerlich ist dabei, dass ein Großteil der E-Mails aus Spam, also unaufgeforderter Werbung, besteht. Wenn Sie dieser Flut an Nachrichten Herr werden wollen, müssen Sie schon vor dem Eingang die E-Mails mithilfe von Kriterien vorsortieren und in Ordnern speichern. Machen Sie sich Schritt für Schritt mit Ihrem E-Mail-Programm vertraut und definieren Sie Nachrichtenregeln.

Für den effizienten Umgang mit E-Mails haben sich in der Praxis folgende Empfehlungen bewährt:

▸ Setzen Sie effiziente Spamfilter ein, die verhindern, dass Werbung Ihren Posteingang erreicht. Verwenden Sie für Informationsanfragen im Internet, Mitgliedschaften in Communities und Foren sowie für Newsletter eine zusätzliche kostenlose E-Mail-Adresse. Auf keinen Fall sollten Sie Ihre Geschäfts- oder Ihre Privatadresse für solche Zwecke freigeben. Es gibt auch sog. Wegwerfadressen, die sofort wieder gelöscht werden können, wenn unerwünschte Spam-Mails an diese Adresse geschickt werden.

▸ E-Mails, die für Sie von Bedeutung sind, sollten Sie kategorisieren. Legen Sie nach einem ausgeklügelten System zusätzliche Ordner an, die Sie eindeutig benennen (z. B. Kundenanfragen, Privates, Termine, Verträge, Sport, Verein usw.). Definieren Sie die Nachrichtenregeln so, dass die eingehenden E-Mails sofort automatisch im jeweiligen Ordner landen. In Ihrem allgemeinen Posteingang sollten nur Nachrichten vorzufinden sein, die das System anhand Ihrer Kriterien nicht zuweisen konnte. Wenn dennoch mehr als zehn E-Mails in Ihrem Eingangsordner sind, die eigentlich in einem Extra-Ordner landen sollten, überarbeiten Sie Ihre Auswahlkriterien sorgfältig. Es ist auch möglich, besonders wichtige Nachrichten vom Programm automatisch durch eine Farbe hervorheben zu lassen.

▸ Bearbeiten Sie die eingegangenen E-Mails in einem bestimmten Zeitrahmen. Merken Sie auf Ihrer Tagesliste dafür ein gewisses Zeitbudget vor und überschreiten Sie es nicht. Gerade E-Mails stellen eine beträchtliche Verlockung dar und können dazu führen, dass Sie viel Zeit verschwenden. Beantworten Sie die E-Mails kurz, und beschränken Sie sich auf das Wesentliche. Sie brauchen E-Mails in der Regel nicht sofort zu beantworten, sollten es aber innerhalb eines Tages tun, denn das wird im Geschäftsleben erwartet. Kundenanfragen sollten sofort oder so schnell wie möglich beantwortet werden.

Auch in E-Mails gilt es, die Form zu wahren und auch dem Empfänger einen möglichst effizienten Umgang mit Ihrer elektronischen Post zu ermöglichen. Wenn Sie Folgendes beachten, sind Sie auf der sicheren Seite:

▸ Bedenken Sie bitte, dass bei E-Mails alle nonverbalen Aspekte der Kommunikation entfallen. Niemand kann eine Geste oder Ihre Mimik sehen. Ohne diese Körpersprache werden die Texte bisweilen mehrdeutig. Verzichten Sie daher auf Anspielungen, Ironie oder Humor, denn der Adressat kann dies nur schwer zwischen den Zeilen herauslesen. Missverständnisse können bei E-Mails schnell eskalieren und zu Konflikten führen. Ein Telefonat oder ein persönliches Gespräch sind dann unabdingbar.

▸ Formulieren Sie die Betreffzeile möglichst exakt und für den Empfänger sinnvoll. Schreiben Sie also nicht „Termin", sondern den exakten Termin mit Datum, Uhrzeit und Anlass. Der Empfänger sollte schon der Betreffzeile entnehmen können, worum es geht.

▸ Verwenden Sie Kürzel nur, wenn Sie davon ausgehen können, dass der Betreffende Sie versteht, denn sonst mutiert Ihre E-Mail zu einem unverständlichen Geheimdokument. Verzichten Sie besser auf Abkürzungen wie „FYI" („for your information") oder „RTFM" („read the fucking manual"), vor allem wenn diese den Kommunikationspartner brüskieren könnten.

▸ Auch bei den vermeintlich informellen E-Mails sollten Sie die Form wahren, denn kein Personalleiter wird erfreut sein, wenn er mit einem schlichten „Hallo" begrüßt wird. Anhänge (Attachments) sollten nicht zu groß sein, denn auch bei einem schnellen und permanenten Internetzugang kann eine umfangreiche Videodatei das Postfach blockieren. Akzeptabel sind in der Regel nur Dateien in einem Umfang von einigen Megabyte. Verwenden Sie für Attachments besser Dateiformate, die auf allen Plattformen problemlos zu öffnen sind (z. B. PDFs) und die nicht die Gefahr der Verbreitung von Viren, Würmern und Trojanern in sich bergen.

▸ Nutzen Sie Verteiler sparsam. Versenden Sie nicht vermeintlich informative Newsletter oder Ankündigungen an alle oder ausgewählte Mitarbeiter. Dafür sollten Sie den Server verwenden und die entsprechenden Dateien zum Download bereithalten.

▸ Denken Sie daran, dass es keinen guten Eindruck hinterlässt, wenn Sie E-Mails in Kopie auch anderen zukommen lassen. Wenn diese Nachrichten wichtig sind, sollten Sie die anderen als Hauptempfänger eintragen. Leiten Sie niemals E-Mails, die an Sie persönlich gerichtet sind, einfach an andere weiter, ohne den Absender vorher um Erlaubnis gefragt zu haben.

▸ Wenn Sie längere Zeit abwesend sind, empfiehlt es sich, die Autoresponder-Funktion zu aktivieren, sodass Ihre E-Mails automatisch mit einem vorgegebenen Text beantwortet werden. Wenn Sie internationale Kontakte haben, formulieren Sie diesen Text zusätzlich auch auf Englisch. Wenn Sie wieder da sind, sollten Sie die E-Mails so schnell wie möglich beantworten.

E-Mails sind eine nützliche Erfindung, denn sie erleichtern Ihre Arbeit und machen eine schnelle und unkomplizierte Kommunikation möglich. Sie sollten sie allerdings gezielt einsetzen und sorgsam damit umgehen.

---

**Auf den Punkt gebracht**

Machen Sie sich die heutigen technischen Möglichkeiten zunutze, um mit Telefonaten und E-Mails so effizient wie möglich umgehen zu können. Aber erleichtern Sie auch den Empfänger Ihrer elektronischen Nachrichten die Arbeit.

---

# Die Work-Life-Balance

Das Zeitmanagement kann nur dann gelingen, wenn Sie einzelne Lebensbereiche nicht zugunsten anderer Aspekte vernachlässigen. Der Begriff „Work-Life-Balance" bedeutet, dass Ihre unterschiedlichen Lebensbereiche ausgewogen sein sollten, sodass Sie ein ausgeglichenes Leben führen. Die Dominanz eines Sektors führt langfristig zu einem

Burn-out- oder Stress-Syndrom, das Ihre Gesundheit und Ihre Leistungsfähigkeit erheblich beeinträchtigen kann. Ihr Leben lässt sich in verschiedene Sektoren untergliedern:

▸ Arbeit

▸ Beziehungen und Familie

▸ Freundschaften und Geselligkeit

▸ Körper und Gesundheit

▸ Geistige Aktivitäten (Bildung und Interessen)

▸ Finanzen

▸ Erholung, Hobbys und Sport

▸ Spirituelles

Natürlich können Sie auch eine andere Einteilung vornehmen; Sie sollten allerdings darauf achten, dass immer mehrere Bereiche in Ihrem Leben angemessen vertreten sind. Wenn Sie 90 Prozent Ihrer zur Verfügung stehenden Zeit der Arbeit widmen, ist die Gefahr groß, dass Sie früher oder später unter diesem Ungleichgewicht leiden. Die wichtigsten Sektoren sollten in Ihrer Lebensplanung vertreten sein. Es wäre fatal, wenn Sie Ihre Beziehungen, Ihre Gesundheit und Ihre Familie zugunsten Ihrer Arbeit vernachlässigen würden.

### Übung: Ihre „Lebenstorte"

*Zeichnen Sie einen Kreis und unterteilen Sie ihn in unterschiedlich große Abschnitte für jeden Sektor in Ihrem Leben. Welchen Bereich möchten Sie in Zukunft stärker fördern? Welcher Sektor ist in Ihrer „Lebenstorte" überhaupt nicht vertreten? Wie können Sie zu einer „Work-Life-Balance" gelangen?*

Suchen Sie nach mehr Ausgewogenheit und integrieren Sie in Ihre Monats-, Wochen- und Tagespläne auch private Aktivitäten.

---

**Auf den Punkt gebracht**

Sorgen Sie dafür, dass einzelne Bereiche Ihres Lebens nicht zu kurz kommen und dass Sie ein ausgewogenes und befriedigendes Leben führen, das Sie mit Freude und Glück erfüllt. Nur so erhalten Sie sich langfristig Ihren Erfolg und Ihre Leistungsfähigkeit.

---

## *Burn-out und Stress*

Stress entsteht, wenn Sie einen Beruf oder eine Tätigkeit ausüben, die Ihnen nicht behagt, und Sie nicht die richtigen Prioritäten setzen. Solange Sie etwas tun, was Ihnen widerstrebt oder was Sie nur als Pflichtprogramm empfinden, entstehen bei Ihnen Widerstände und Reibungsverluste.

Stress können Sie langfristig abbauen, wenn Sie ein Leben führen, das zu Ihnen passt. Stressabbau ist nur zeitweilig durch autogenes Training oder andere Entspannungstechniken (Meditation, Sport, Eutonie u. a.) zu erreichen. Die Problematik wird immer wieder auftauchen, wenn Sie Ihre Zeit falsch nutzen und nicht die richtigen Prioritäten setzen. Die Methoden zur Stressbewältigung gleichen in diesen Fällen einer Symptombehandlung, die Sie unter Umständen davon abbringt, etwas an einem unbefriedigenden Zustand zu ändern.

### Übung: Stressanalyse

*Finden Sie heraus, was Sie bedrückt und bei Ihnen Stress auslöst:*

▸ *Sind es zu viele Aufgaben, die Ihnen Unbehagen bereiten?*

▸ *Haben Sie zu viele Termine in zu kurzer Zeit?*

▸ *Leiden Sie unter unangenehme Kundenkontakte oder müssen Sie zu oft Konfliktgespräche führen?*

*Fragen Sie sich, weshalb Sie die Tätigkeit nicht ausüben möchten und was Ihnen daran nicht gefällt. Machen Sie eine Tabelle mit zwei Spalten. Die eine Spalte versehen Sie mit der Überschrift „Was ich wirklich gerne tun möchte" und die andere Spalte überschreiben Sie mit den Worten „Was ich in Zukunft nicht mehr tun möchte".*

Wenn Sie nun herausgefunden haben, welche Tätigkeiten bei Ihnen Stress auslösen, sollten Sie versuchen, jedes einzelne Problem zu lösen. Dabei kann Ihnen eine Methode helfen, die in dem englischen Satz „love it, leave it or change it" zusammengefasst wird.

### Lösungsansatz 1: Love it

*Aufgaben, die Sie zwar als beschwerlich und mühsam empfinden, die Ihnen aber dennoch Freude bereiten oder zu Ihren Lieblingstätigkeiten gehören, können Sie mögen. Sie müssen sich anstrengen, aber Sie sind mit der Aufgabe einverstanden und können sich damit identifizieren. Das ist am unproblematischsten.*

## Lösungsansatz 2: Leave it

*Tätigkeiten oder Jobs, die Sie als unangenehm, nervenaufreibend oder sinnlos ansehen, müssen Sie langfristig aufgeben. Setzen Sie sich nicht der Qual aus, einen Beruf oder eine Tätigkeit beizubehalten, die Ihnen schon lange missfällt und Ihnen nur Verdruss bereitet. Das ist Ihr Leben, und Sie sollen in ihm die höchste Erfüllung finden und sich selbst verwirklichen. Harren Sie nicht an einem Arbeitsplatz aus, wo Sie tagaus, tagein Mobbing, Ärger und Konflikte erleben. Aufgaben, Jobs oder Tätigkeiten, die Sie nicht mögen oder die Sie nicht ändern können, geben Sie so schnell wie möglich auf. Je länger Sie dabeibleiben, desto mehr schadet es Ihnen.*

## Lösungsansatz 3: Change it

*Wenn Sie Ihren Beruf mögen, Ihnen aber einzelne Aspekte oder Aufgaben missfallen, dann versuchen Sie, die einzelnen Probleme zu lösen und Änderungen herbeizuführen. Aufgaben, die Sie nicht mögen, können Sie vielleicht an andere delegieren. Denkbar ist es, dass Sie durch zusätzliche Aspekte wieder mehr Freude an Ihrer Arbeit gewinnen und so Ihr Umfeld besser gestalten können. Vielleicht müssen Sie nur etwas mehr Schwung in Ihr tägliches Einerlei bringen und die Monotonie des Alltags überwinden. Viele Menschen haben zwar den Beruf gewählt, der zu ihnen passt und ihnen Freude bereitet, aber im Laufe der Zeit entpuppen sich viele Arbeiten als Routinetätigkeiten, und auch der spannendste Beruf wird irgendwann zum Alltag. Selbst für Stuntmen oder Schauspieler kommt einmal der Punkt, an dem ein Traumjob alltäglich wird. Dennoch haben diese Menschen mit ihrer Tätigkeit ihre Erfüllung erreicht, und es kommt nur darauf an, die Aufgaben wieder durch neue Aspekte zu erweitern und zu verändern.*

Seien Sie aber auf der Hut: Begehen Sie nicht den Fehler, etwas, das Sie eigentlich ablehnen, im Nachhinein zu verklären oder zu akzeptieren. Wenn Sie wirklich der Auffassung sind, dass Sie eine Aufgabe oder einen Beruf nicht mögen, dann gehen Sie keinen falschen Kompromiss ein, sondern verändern Sie Ihr Leben. Es wird Ihnen nicht gelingen, eine sinnvolle Work-Life-Balance zu erreichen und den Stress abzubauen, wenn Sie an Dingen festhalten, die nicht mit Ihrem Lebenskonzept in Einklang zu bringen sind.

### Auf den Punkt gebracht

Falls Sie unter Stress leiden, analysieren Sie, was in Ihrem Leben Stress verursacht und gehen Sie die Probleme nach dem „Love it, leave it or change it"-Prinzip an.

## Wie Sie Burn-out vorbeugen

Die beste und sinnvollste Lösung ist es, nur die Dinge zu tun, die Ihnen wirklich behagen und die zu Ihrem Lebensplan gehören. Falls Sie dennoch Aufgaben bewältigen wollen oder müssen, die sich damit nicht vereinbaren lassen, besteht die Gefahr, dass Sie ein Burn-out-Syndrom entwickeln. Um dem zumindest zeitweilig vorzubeugen, gibt es einige Möglichkeiten. Sie sollten aber besser nach einer langfristigen Lösung suchen.

Burn-out ist eine schwere Erschöpfung, die durch lang anhaltenden negativen Stress verursacht wird und sich auf alle Lebensbereiche auswirkt. Menschen, die an Burn-out leiden, sind häufig weit überdurchschnittlich leistungsfähig und stellen hohe Anforderungen an sich selbst. Das Burn-out-Syndrom ist komplex und vielschichtig: Es treten mitunter körperliche Beschwerden wie Schlafstörungen, Kopfschmerzen oder Magenkrämpfe auf. Je länger der Burn-out anhält, desto mehr machen sich massive Versagensängste und Schuldgefühle breit. Dieses „Ausgebranntsein" führt nicht nur zu einer völligen körperlichen, geistigen und seelischen Erschöpfung, sondern löst auch eine allgemeine Apathie und Teilnahmslosigkeit aus.

Die Betroffenen sind wie in einem Teufelskreis gefangen und werden unfähig, sich Erholung zu gönnen. Alle täglichen Aufgaben, auch jene, die ihnen bislang Freude bereiteten, werden zur Last. Es entsteht ein genereller Widerwille, Aufgaben in Angriff zu nehmen. Burn-out-Patienten fühlen sich innerlich leer, und nichts macht ihnen mehr Spaß. Sie stellen bisweilen den gesamten Sinn der bisherigen Lebens- und Berufsplanung infrage und ziehen sich zurück. Charakteristische Symptome eines Burn-out-Syndroms sind:

▶ Man arbeitet permanent.

▶ Man kann sich trotz starker Erschöpfung nicht mehr erholen.

▶ Die berufliche Tätigkeit steht im Mittelpunkt des Lebens.

▶ Eigene Bedürfnisse werden ignoriert.

▶ Burn-out-Patienten sind chronisch erschöpft.

▶ Es treten Konzentrationsprobleme auf.

▶ Burn-out-Patienten ziehen sich von ihrem sozialen Umfeld zurück.

▶ Sie leiden unter Schlafstörungen.

Falls Sie von derartigen Symptomen betroffen sind, fragen Sie sich rechtzeitig, was Sie in Ihrem Leben grundsätzlich anders machen wollen. Seien Sie nicht halbherzig: Was Sie brauchen, ist eine Kurskorrektur. Sie müssen herausfinden, was Ihnen wirklich wichtig ist. Sie müssen feststellen, welche „Zeiträuber" und welche Belastungen Sie bedrücken. Seien Sie unnachgiebig, und legen Sie alles ab, was Sie bisher belastet hat.

Es gibt einige Methoden, um zumindest die Situation zu lindern, bis Sie die für Sie richtige Lösung gefunden haben.

### Lösungsansatz: Entspannungsmethoden

*Es gibt zahlreiche Entspannungsmethoden, die dazu beitragen können, dass Sie ruhiger werden und wieder Kraft tanken können. Das autogene Training ist dazu ebenso geeignet wie Meditation, Yoga, progressive Muskelentspannung nach Jacobsen oder Eutonie. Entsprechende Kurse finden Sie beispielsweise an der Volkshochschule, in Sportvereinen, Fitnessstudios und spezialisierten Einrichtungen. Die gesetzlichen Krankenkassen übernehmen häufig einen Teil der Gebühr, wenn der Kurs der Gesundheitsvorsorge dient.*

### Lösungsansatz: Machen Sie jeden Tag etwas, das Ihnen Freude bereitet

*Wenn Sie schwierige Aufgaben zu bewältigen haben, ist es sinnvoll, wenn Sie sich jeden Tag eine kleine Belohnung gönnen. Für jeden Menschen gibt es unterschiedliche Dinge, die Wohlbehagen und Glück auslösen. Vielleicht lieben Sie es, in einer belebten Einkaufspassage einen Cappuccino in einem Café zu trinken und den flanierenden Menschen zuzusehen, oder Sie gönnen sich einen Samstagnachmittag in einem Erlebnisbad. Möglicherweise ziehen Sie es vor, eine Moun-*

*tainbike-Tour durch die Berge zu machen, im Garten zu gril-
len, eine Kunstgalerie zu besuchen, auf der Klarinette zu spie-
len, Ihre Münzsammlung zu ordnen oder einen Kuchen zu
backen.*

Diese kleinen Glücksmomente des Alltags helfen Ihnen,
wieder zur Ruhe zu kommen, Energie zu tanken und sich
glücklich und zufrieden zu fühlen.

### Übung: Was sind Ihre Glücksbringer?

*Machen Sie bitte eine Liste mit bis zu zehn Glücksbringern.
Überlegen Sie, in welchen Momenten Sie am glücklichsten
waren und was Sie in diesem Augenblick gemacht haben.
Gehen Sie Ihre Hobbys durch oder denken Sie darüber
nach, welche Interessen Sie haben oder welche Sportarten
Sie mögen.*

▸ *Wenn Sie in einer Bücherei wären, welche Abteilung
  würden Sie zuerst aufsuchen?*

▸ *Welches Fachgebiet oder welches Thema interessiert Sie
  am meisten?*

▸ *Haben Sie ein Lieblingsessen oder ein Lieblingsgetränk?*

▸ *Gibt es einen Urlaubsort, den Sie besonders mögen?*

▸ *Gibt es Menschen, die Sie glücklich machen und mit
  denen Sie sich treffen könnten?*

▸ *Gibt es Dinge, die Sie gerne tun?*

▸ *Möchten Sie gerne im Gebirge wandern, Volleyball spie-
  len, schwimmen gehen oder malen?*

*Markieren Sie auf Ihrer Liste den Glücksbringer, der Sie am
euphorischsten stimmt und Ihnen die meiste Kraft und Zuversicht gibt, mit einem Sternchen. Darüber hinaus wählen*

*Sie einen Glücksbringer aus, den Sie unmittelbar in einer Pause einsetzen können. Sie wissen vielleicht, dass man Patienten bei Bluthochdruck oder anderen Kreislaufbeschwerden Notfalltropfen gibt. Welchen Glücksbringer können Sie schnell zwischendurch einsetzen, wenn es bei Ihnen zu einem Notfall kommt?*

Setzen Sie am besten jeden Tag einmal oder mehrmals einen Glücksbringer ein. Scheuen Sie sich nicht, sondern gönnen Sie sich diese Abwechslung und Erholung. Denn Sie haben sie sich verdient. Ihre Glücksbringer helfen Ihnen, ein Burn-out-Syndrom zu vermeiden und Stress zu lindern.

Doch denken Sie daran: Wenn Sie permanent unter Stress leiden oder schon Symptome eines Burn-out-Syndroms verspüren, ist es wichtig, dass Sie eine grundlegende Weichenstellung in Ihrem Leben vornehmen und – falls erforderlich – zusätzlich professionelle Hilfe suchen. Ihre Glücksbringer sollten nicht dazu dienen, Ihre Leistung noch ein wenig zu steigern und das Unbehagen, das Sie verspüren, zu überdecken. Langfristig müssen Sie Ihr Leben neu ordnen und die wichtigen Dinge in den Vordergrund stellen.

## Auf den Punkt gebracht

Sorgen Sie für eine ausgewogene Lebensführung, indem Sie alle Bereiche mit einbeziehen, die für Sie wichtig sind. Beziehungen, Hobbys, Interessen und Ihre Gesundheit gehören ebenso zu Ihrem Leben wie Ihr berufliches Fortkommen.

# Hilfsmittel der Zeitplanung

Für die Zeitplanung steht Ihnen eine ganze Reihe verschiedener Hilfsmittel zur Verfügung – angefangen bei der einfachen To-do-Liste über Zeitplanbücher bis hin zur elektronischen Verwaltung Ihrer Termine mithilfe einer Software auf Ihrem PC oder eines Handhelds.

Es werden immer mehr vielseitige und nützliche Systeme angeboten, die Ihnen helfen können, Ihre Zeit- und Terminplanung zu optimieren. Einige Systeme sind so ausgefeilt, dass sich damit auch komplexe Projekte organisieren lassen.

## Die To-do-Liste

Die To-do-Liste eignet sich aufgrund ihrer Überschaubarkeit am besten für die Tagesplanung. Im Alltag sind Einkaufszettel die bekannteste Variante der To-do-Liste.

### Übung: Erstellen Sie Ihre Tagesliste

*Notieren Sie sich auf dieser Liste, was Sie an diesem Tag erledigen müssen, am besten gleich geordnet nach der Wichtigkeit der Ziele. Sie können zwei zusätzliche Spalten hinzufügen und dort den Termin und die Priorität festhalten.*

Es ist auch möglich, eine weitere To-do-Liste für Wochenziele zu nutzen. Für die Tagesplanung eignen sich kleine selbstklebende Zettel (Post-its), die Sie je nach Zielsetzung in Ihrem Büro an Ihren Monitor heften können oder zu Hause an den Badezimmerspiegel, auf den Schreibtisch oder anderswo. To-do-Listen haben allerdings den Nachteil, dass Sie sie immer von Hand aktualisieren und einzelne Ziele durchstreichen müssen, was leicht unübersichtlich werden kann. Das ist auch der Fall, wenn Sie mehrere To-do-Listen parallel für Ihren beruflichen und Ihren privaten Bereich führen oder separate Listen für Tages- und Wochenziele anlegen.

> Die To-do-Liste eignet sich am besten für Tagesziele, die Sie sofort präsent haben wollen.

Bei elektronischen Organizern müssen Sie erst den PC oder das Handheld hochfahren, was umständlich sein kann. Es gibt die Möglichkeit, elektronische „Zettel" auf den Desktop Ihres PCs zu legen. Bei Windows Vista ist das standardmäßig vorgesehen; bei Windows XP und bei Linux können Sie mithilfe kleiner Zusatzprogramme solche virtuellen „To-do-Listen" auf dem Desktop Ihres PCs anbringen.

Komplexere To-do-Listen sehen für einzelne Aspekte weitere Spalten vor. So können Sie neben der Aufgabe die Priorität, den Start und das Ende der jeweiligen Aktivität sowie den Status (d. h. den Zielerreichungsgrad) festhalten, zum Beispiel so:

| Aufgabe | Priorität | Start | Ende | Status |
|---------|-----------|-------|------|--------|
| Spanisch lernen | B | 01.03.08 | 30.08.08 | 40 % |

*Übung: Erstellen Sie eine To-do-Liste für den heutigen Tag.*

*Markieren Sie private Aufgaben grün und berufliche Aufgaben blau. Wenn Sie lieber am PC arbeiten, verwenden Sie virtuelle Zettel in den entsprechenden Farben. Streichen Sie jede Aufgabe oder haken Sie sie ab, wenn sie erledigt ist.*

## Der Kalender

Kalender gibt es in den unterschiedlichsten Formen und Ausführungen. Während früher kaum eine Führungskraft ohne Kalender auskam, haben heutzutage elektronische Terminplaner den klassischen Kalender weitgehend verdrängt. Dennoch haben die herkömmlichen Kalender noch ihren Platz in der Terminplanung, denn sie sind jederzeit unabhängig von Laptops, Handhelds oder PCs verfügbar und ermöglichen die schnelle handschriftliche Änderung von Eintragungen.

Für ein professionelles Zeitmanagement benötigen Sie einen Kalender, in den Sie problemlos mehrere Termine an einem Tag eintragen können. Zusätzlich sollten Sie eine To-do-Liste führen, um die Tagesziele zu fixieren. Professionelle Kalender für das Zeitmanagement sehen neben der Tages-, Wochen- und Monatsplanung umfangreiche Checklisten, Formulare für die Projektplanung und Notizblätter vor. Bei besonders aufwendigen Zeitplanbüchern werden auch Planungshilfen und Zubehör angeboten; das sind häufig Ringbücher, deren Blätter nachgekauft und eingeheftet werden können.

Solche Zeitplanbücher haben umfangreiche Checklisten und Planungshilfen, bieten Übersichten über internationale Feiertage, Umrechnungstabellen für Maßeinheiten und Telefonvorwahlen. Für Manager werden hochwertige Einbände angeboten, und die Bücher haben regelmäßig zahlreiche Fächer für Visitenkarten sowie Schreibutensilien. Bei zusätzlicher Verwendung elektronischer Planungssysteme können Übersichten im entsprechenden Format ausgedruckt und eingeheftet werden.

Zeitplanbücher sind ein wichtiges Hilfsmittel für Führungskräfte, die häufig unterwegs sind und sich schnell Notizen machen oder Termine festhalten wollen. Für umfangreiche Projekte mit vielen Zwischenzielen und Meilensteinen eignen sich Zeitplanbücher nur bedingt, da Änderungen und Aktualisierungen schwieriger umzusetzen sind. Sie sollten Zeitplanbücher stets sorgsam aufbewahren, da ein Verlust nicht nur fatale Folgen für Ihre Terminplanung haben, sondern auch die Preisgabe vieler Geschäftsinformationen nach sich ziehen kann.

Machen Sie sicherheitshalber in regelmäßigen Abständen Kopien Ihrer Termine, damit ein Verlust Ihres Zeitplaners nicht zum Fiasko gerät. Dasselbe gilt für Geschäftsdaten, Adressen und Telefonnummern.

Bedenken Sie stets, dass die Daten in Ihrem Zeitplanbuch sehr sensibel sind und dass Sie diese sorgfältig und gewissenhaft hüten sollten.

## Das Handy

Auch Handys bieten mehr oder minder ausgeklügelte Organizerfunktionen, die es Ihnen gestatten, Termine und Projekte zu verwalten. In Zukunft werden die Aufgaben, die heute noch von Personal Digital Assistants (PDAs) und Minicomputern (Handhelds) wahrgenommen werden, mit den Funktionen von Handys verschmelzen, sodass Mobiltelefone eines Tages als Allround-Instrument für Telefonate, E-Mails, für die Terminplanung und die Adressverwaltung sowie als MP3-Player und Multimedia-Station fungieren werden. Mithilfe der Infrarot-Schnittstelle und Bluetooth können Termindaten schnell und zuverlässig zwischen dem PC oder Laptop und dem Handy ausgetauscht und so aktualisiert werden.

Die meisten Handys sind jedoch heute für die umfassenden Aufgaben des Zeitmanagements noch nicht gerüstet. Die Displays sind häufig so klein, dass man Schwierigkeiten hat, längere Texte sinnvoll zu lesen, und auch die Eingabe bereitet bei den kleinen Tasten mit einer alphanumerischen Mehrfachbelegung trotz der Eingabehilfen und der Worterkennung etliche Mühe. Bisweilen können die detaillierten Angaben, die Softwaresysteme zum Zeitmanagement wie Microsoft Outlook anbieten, nicht auf das Handy übertragen werden, da die entsprechenden Datenfelder dort nicht vorgesehen sind. Die Organizerfunktionen von Handys beschränken sich oft auf die wichtigsten Angaben.

Das Handy ist daher nur eingeschränkt für professionelles Zeitmanagement nutzbar. Die Vorteile der Organizerfunktionen des Handys bestehen aber darin, dass Sie jederzeit, ohne einen PC hochfahren zu müssen, auf die Daten zugreifen können. Besonders unterwegs ist das Handy ein unentbehrliches Hilfsmittel, um rasch Telefonnummern festzuhalten, Termine einzutragen oder ein kurzes Memo als Sprachnachricht zu speichern. Allerdings sollten Sie nicht vergessen, die Daten zeitnah von Ihrem Organizer auf Ihren PC über die Synchronisationsfunktion oder manuell zu übertragen.

Bedenken Sie, dass Ihr Handy viele sensible Daten enthält, und achten Sie darauf, dass Sie sorgsam mit dem Gerät umgehen. Aus Bequemlichkeit wird häufig der Kennwortschutz deaktiviert; aber schon wenn Sie das Handy in einem Café, in der Bahn oder bei einer Besprechung versehentlich liegen lassen, kann dies erhebliche Folgen haben.

### Personal Digital Assistants (PDAs)

PDAs oder Personal Digital Assistants sind größer als Handys und werden auch als „Handhelds", „Palms" oder „Pocket PCs" bezeichnet. Sie bieten einen größeren Funktionsumfang und eignen sich daher besonders für das Zeitmanagement. In Nordamerika sind vor allem die „Blackberries" verbreitet, die es erlauben, E-Mails abzurufen und zu senden. PDAs haben meist eine größere, aufklappbare Tastatur, die die Eingabe von längeren Texten mithilfe eines Stifts gestattet. Das Display ist meist größer und kann auch als Eingabegerät dienen, sodass Sie Notizen unmittelbar in Handschrift festhalten können. Moderne PDAs können jedoch weitaus mehr: Neben dem Abruf und dem Versenden von E-Mails können Sie

▸ Internetfunktionen nutzen und

▸ auf das Web zugreifen,

▸ Dokumente öffnen und bearbeiten,

▸ Multimedia-Dateien abspielen und

▸ digitale Fernsehsendungen über DVB-T empfangen.

PDAs sind inzwischen mit Navigationssystemen ausgestattet, die Autos und Fußgängern den Weg zum Ziel weisen und zusätzliche Informationen zum Zielort oder Verkehrshinweise anbieten.

PDAs haben den Vorteil, dass sie eine Vielzahl von Funktionen in sich vereinen und eine komfortable und umfassende Zeitplanung ermöglichen. Problematisch ist für den Nutzer oft die komplexe Bedienung; man sollte darauf achten, dass die Synchronisation der Daten mit dem PC oder Laptop reibungslos vonstatten geht.

### Das Smartphone

Smartphones sind eine Kombination aus Handy und PDA und ermöglichen daher beides: Kommunikation auf höchstem Niveau und zugleich ein umfassendes Zeitmanagement. Sie können als Diktiergerät und als Datenspeicher eingesetzt werden. Smartphones haben in der Regel gängige Betriebssysteme, sodass Standardprogramme verwendet werden können. Sie sind meist mit einem Touchscreen ausgestattet, wodurch Daten direkt per Handschrift mit einem Stift oder über einen Finger eingegeben werden können. Smartphones können

▸ als Navigationssystem dienen,

▸ Multimedia-Dateien abspielen und

▸ Fernsehen über DVB-T und den Handystandard DVB-H
  empfangen.

Sie haben eine eingebaute Kamera und zahlreiche andere
Services (Videospiele, Radio, Bildbetrachter). Nachteil der
Smartphones ist, dass ihr Display viel kleiner ist als bei
PDAs. Die Leistungsfähigkeit der Akkus lässt bisweilen zu
wünschen übrig, zumal manche Geräte beim Abschalten
nur in einen Standby-Modus versetzt werden, damit der
Benutzer sofort wieder, ohne das Betriebssystem hochzu-
fahren, auf die Daten zurückgreifen kann. Durch diesen
Standby-Modus erhöht sich trotz moderner Technologie
der Energieverbrauch.

### Personal Information Manager (PIM)

Es gibt eine Vielzahl von Organizer-Programmen für verschiedene Betriebssysteme; sie werden allgemein als Personal Information Manager (PIM) bezeichnet. Am bekanntes-
ten ist *Microsoft Outlook,* das als ursprüngliches E-Mail-
Programm neben der Terminorganisation auch die Verwaltung von Adressdaten, Aufgaben und Notizen vorsieht.

Die Software bietet neben Tages- und Wochenübersichten
den Überblick über Monate und Jahre. Man kann Aufgaben systematisch verwalten und mit einer Erinnerungsfunktion versehen. Die Adressverwaltung ist sehr umfangreich
und kommt einem Datenbankprogramm gleich.

*Microsoft Outlook* ist, wenn man sich in alle Funktionen
und Details eingearbeitet hat, ein umfassendes System für

das Zeitmanagement, mit dem Sie von der To-do-Liste über die Jahresplanung bis hin zum Projektmanagement alle Aufgaben bewältigen können. Eine Vielzahl von Aspekten und Zusatzfunktionen gestattet es Ihnen, Ihr Zeitmanagement zu perfektionieren, zumal *Outlook* eine Koordination und Abstimmung der einzelnen Aufgaben im Team vorsieht (Groupware-Funktion), sodass Sie auch das Delegieren von Tätigkeiten und Aufgaben mit dieser Software umsetzen können. Bei komplexen und vielschichtigen Projekten, die sich über mehrere Monate hinziehen oder eine größere Zahl von Mitarbeitern umfassen, sollten Sie jedoch eine spezielle Software für Projektmanagement einsetzen, die Projektfortschritte und -details grafisch besser darstellen kann.

Neben *Microsoft Outlook* gibt es eine Vielzahl vergleichbarer Organizer-Programme, die eine ähnliche Funktionsvielfalt haben. Dazu gehören *Apple iCal* für Apple Computer und der *Lotus Organizer*, der vor allem in großen Unternehmen eingesetzt wird. Für das Betriebssystem *Linux*, aber auch für Windows werden kostenlose Open-Source-Programme wie *Mozilla Sunbird* angeboten.

> Machen Sie sich mit den Grundfunktionen Ihrer Software vertraut. Sie müssen am Anfang nicht alle Spezialfunktionen beherrschen, da das Erlernen der Details zeitaufwendig ist.

Machen Sie aus Ihrem Zeitmanagement kein eigenes Projekt, sondern betrachten Sie es als unerlässliches Hilfsmittel und beachten Sie den Aufwand. Es genügt, wenn Sie sich die für Sie relevanten Funktionen des Organizer-Programms aneignen. Alles, was Sie noch brauchen, können Sie Schritt für Schritt hinzulernen.

Organizer-Programme haben den Nachteil, dass ihre Struktur meist ziemlich starr ist und dass sie diese Vorgaben nur selten eigenständig ergänzen oder ändern können. Für eine umfangreiche Adressverwaltung ist daher immer eine Datenbanksoftware erforderlich, die es ermöglicht, die einzelnen Datenfelder einer Datenbank frei zu definieren. Für den alltäglichen Gebrauch eignen sich aber Organizer-Programme sehr wohl, da sie den meisten Anforderungen gerecht werden.

## Personal Information Manager im Internet

Inzwischen gibt es zahlreiche Angebote im Internet, um Termine und Aufgaben zu verwalten. Da aufgrund der permanenten Anbindung an das Internet die Grenze zwischen offline und online immer mehr verschwimmt, ist es fast schon unerheblich geworden, ob man Termine auf dem eigenen PC oder Laptop oder im Internet verwaltet. Zu den populärsten Angeboten zählen der *Google Kalender*, *Windows Live* und der *Yahoo Kalender*.

Solche Organizer haben meist folgenden Funktionsumfang:

▸ umfassende Kalender-/Zeitmanagementfunktionen und Kalendersharing (Kalender können in einem Team verwaltet werden)

▸ Import und Export von Daten (aus *Microsoft Outlook* und anderen Programmen)

▸ eine Synchronisationsfunktion, Übertragung auf einen *iPod*

▸ Benachrichtigung per E-Mail, SMS oder Pop-up (während des Surfens im Internet)

▸ Terminanfragen per E-Mail werden bei Bestätigung automatisch in den elektronischen Kalender eingetragen.

Der Vorteil eines solchen Online-Zeitmanagements besteht darin, dass ein Ausfall des PCs oder ein Verlust des Laptops keine gravierenden Folgen nach sich zieht, da die Daten online gespeichert sind. Darüber hinaus hat man von jedem Ort der Welt aus Zugriff auf die Terminplanung, ist so unabhängig vom mitgeführten Laptop und kann die Daten von einem Internetcafé oder von einem Hotelservice abrufen. Auch eine Erinnerungsfunktion über E-Mail oder per SMS kann nützlich sein. Dennoch sollten Sie einige Vorsicht walten lassen. Die Daten, die Sie übertragen, sollten sicherheitshalber verschlüsselt sein; dies gilt insbesondere, wenn Sie die Adressverwaltungsfunktion nutzen. Bei kostenlosen Terminplanern im Internet sollten Sie vorher die Allgemeinen Geschäftsbedingungen durchlesen, um sicherzustellen, dass der Datenschutz gewährleistet ist. Bei Gratis-Angeboten ist dies zweifelhaft, und Sie sollten Ihre Terminplanung im Zweifelsfall nicht online führen.

## Auf den Punkt gebracht

Nutzen Sie für Ihre Terminplanung Hilfsmittel. Nicht nur der herkömmliche Kalender, sondern auch Zeitplanbücher, elektronische Organizer und To-do-Listen helfen Ihnen, Ihre Zeit optimal zu gestalten.

# Schlusswort

Fangen Sie an, das Leben zu führen, das Sie sich immer gewünscht haben. Fassen Sie Mut und verwirklichen Sie Ihre Träume. Zaudern Sie nicht länger, sondern beginnen Sie mit den ersten Schritten, denn nur so können Sie den Erfolg haben, den Sie sich ersehnen. Wenn Sie Erfolg haben wollen, dann tun Sie etwas:

▸ Folgen Sie den Zielen, die Sie persönlich für richtig und bedeutsam halten.

▸ Dies ist Ihr Leben, und Sie haben nur dieses eine. Führen Sie Ihr Leben so, dass Sie stets glücklich und mit sich im Einklang sind.

▸ Seien Sie konsequent. Wenn Sie an einem Ziel scheitern, dann wagen Sie einen erneuten Anlauf. Gehen Sie Schritt für Schritt auf Ihr Ziel zu.

▸ Konzentrieren Sie sich auf das, was Ihnen Erfolg bringt und Ihnen ein Gefühl der Erfüllung und des Glücks vermittelt.

▸ Machen Sie aus Ihrem Leben das Beste. Es wird nie mehr in der Geschichte einen Menschen wie Sie geben. Ihre Gedanken, Ihre Gefühle, Ihre Fähigkeiten – all das ist einzigartig.

In diesem Sinne wünsche ich Ihnen, dass Sie alle Ihre Träume, Wünsche und Ziele verwirklichen können. Fangen Sie an, Ihre Träume zu leben.

# Stichwortverzeichnis

# Der Autor

Dr. Dr. Gerald Pilz ist Dozent an der Berufsakademie Stuttgart und Autor zahlreicher Bücher über Börsen- und Geldthemen.

Im dtv sind vom Autor die Bücher „Aktien", „Geldanlage in Rohstoffen", „Emerging Markets" und „Zertifikate" und in der Reihe Beck Kompakt „Bilanzen lesen und verstehen" erschienen

Impressum:

Verlag C. H. Beck im Internet: www.beck.de
ISBN: 978-3-406-57807-6
© 2008 Verlag C. H. Beck oHG
Wilhelmstraße 9, 80801 München

Lektorat und DTP: Text + Design Jutta Cram, 86157 Augsburg, www.textplusdesign.de
Umschlaggestaltung: Bureau Parapluie, 85253 Großberghofen
Umschlagbild: © kristian sekulic - Fotolia.com
Druck und Bindung: Druckerei C. H. Beck, Nördlingen
(Adresse wie Verlag)

Gedruckt auf säurefreiem, alterungsbeständigem Papier
(hergestellt aus chlorfrei gebleichtem Zellstoff)